Der Tee aus
den Wäldern

無名萬物之始
有名萬物之母

Der Tee aus den Wäldern

Eine Reise ins Land des Pu'er

Meng-Lin Chou

Edition Spuren

INHALT

PROLOG

Vor Pu'er hatte ich großen Respekt. Ich hatte keine Ahnung. Mein Teelehrer Chen Huantang warnte mich oft, dass man eine Sache aufrichtig und sorgfältig zu Ende führen solle. Einer seiner Schüler brachte mich zu Yu und sagte zu mir, wenn ich etwas von Pu'er verstehen wolle, müsse ich ihn kennenlernen. So fand ich vor 10 Jahren zu Yu Chinsung. Damals hatte er sein Studium der «Traditionellen Chinesischen Künste» aufgegeben und führte mit einer Freundin ein gemeinsames Teegeschäft in Taoyuan (Taiwan). Seitdem haben sich viele Dinge grundlegend verändert. Jener Schüler, der zwischen uns Vermittler war, kehrte meinem Lehrer den Rücken und verhielt sich feindlich. Yus Geschäftspartnerin wandte sich ab, nahm das gemeinsame Geschäftslogo «Allfortea» mit und ließ Yu allein, der vor einem umfassenden Neuanfang stand. Auch wenn Verrat und Profitoptimierung im Geschäftsleben zum Alltag gehören, ist die Beziehung zwischen Yu und mir seit zehn Jahren unverändert konstant geblieben. Seine Liebe zum Tee bleibt unerschütterlich. Er führt seine Sache aufrichtig und sorgfältig durch.

Meine Beziehung zu Pu'er hat damit angefangen, dass ich 2012 eine schlimme Fußverletzung erlitt. Wenn man mit einer Verletzung am Fuß sein Ladengeschäft führt, kann man sich schnell überfordert fühlen. Ohne lange nachzudenken, griff ich zum Bangwei Gushu 2012, dem ersten Tee, den Yu ohne seine Geschäftspartnerin produziert hatte. Der Tee stellte in mir eine neue Beziehung zu meinem Körper her. Ich bekam großes Vertrauen zu meinen Füßen und verspürte ein Glücksgefühl. Fasste Vertrauen in das, was geschieht. Diese neue Art von Unterstützung kannte ich zuvor nicht, und so packte mich die Neugierde, diesen Tee besser zu verstehen. Was ist ein Pu'er? Woher kommt er? Diesen Zusammenhang wollte ich besser verstehen und auch anderen Menschen diesen wunderbaren Tee vermitteln!

Rasch schlossen sich mir viele Teefreunde an, die zuvor bereits mit mir nach Taiwan zur Erkundung des Oolong gereist waren. 2013 waren wir zum ersten Mal in der Region Pu'er. Einmal reicht nicht. 2017 waren wir zum zweiten Mal dort. Während unserer zweiten Reise entstand die Idee, die Früchte unserer Teereise zum Ausdruck zu bringen. Ursprünglich bestand die Idee nur darin, eine Sammlung von Artikeln zu veröffentlichen, die von verschiedenen Teefreunden geschrieben werden sollten. Diese Texte waren oft sehr knapp gehalten und im Stil sehr unterschiedlich. Ich war ein wenig ratlos, und schließlich fehlte mir schlicht die Zeit. Nur Gabriele Meinl hat unser Projekt nie vergessen; sie erinnerte mich stets daran, dieses Buch «aufrichtig und sorgfältig» zu Ende zu bringen.

Dass nun ein Teebuch über Pu'er entstanden ist, haben wir Corona zu verdanken.

Corona verändert unsere Beziehung zueinander. Zwei Lockdowns schenkten mir viel Zeit und viel Energie – die sich zunächst gegen mich selbst richtete. Ich spürte Unverständnis, Wut und hatte einen Kulturschock. Als Taiwanerin verstand man mit den ersten Nachrichten, wie gefährlich dieses Virus ist und wie verheerend die Auswirkungen der Pandemie in China waren. In Europa wurde diese Pandemie zunächst als Grippe und als harmlos bezeichnet. Die extreme negative Energie in mir, die mich zu einer Depression und zu Handlungsunfähigkeit brachte – mein rechter Arm war vor Schmerz fast gelähmt –, musste kanalisiert werden. Das beinahe vergessene Projekt mit dem Pu'er-Teebuch rückte wieder ins Blickfeld und brachte eine neue Perspektive in mein Leben. Corona sei Dank!

Mit Yu arbeite ich nach wie vor eng zusammen. Und wir planen wieder eine gemeinsame Reise. Diesmal mit einem Zwischenstopp in Yixing für Tee und teatoys. Sein neues Geschäft seit 2012 heißt «Song Yun Cao Tang»: der Ort, an dem die Kiefer zu erzählen beginnt. Yu sagt von sich, er sei eher ein wortkarger Mensch, der Tee spreche für sich und erzähle genug über ihn. Der treue und immergrüne Baum der Kiefer ist ein Synonym für ihn als Person. Er unterstützte mich während des Schreibens. Im Labyrinth des

Internetwissens musste ich bei jeder Aussage bei ihm nachfragen und sie überprüfen.

Was mir besonders schwerfällt, waren die botanischen Bezeichnungen der Pu'er-Tees. Benjamin Tschupp hat mir wertvolle Hilfe geleistet. Danke an Niklas Anzböck, dass er mich einmal fragte, was er als Schüler wohl mit seinen langen Sommerferien anfangen solle. Ich schlug ihm vor, seine Ferien zu opfern, das Verzeichnis des Buches zu erneuern und selbst einen Artikel dafür zu schreiben. Ohne Niklas' Hilfe ruhte dieses Buch wohl heute noch im Speicher einer Festplatte. Die großartige Aufzeichnung von Simon Trüb beschränkte sich anfangs auf wenige Bäume. Ich finde, seine Bäume können erzählen. Durch seine Bilder bekommen die Leser mehr als durch eine fotografische Abbildung von Pflanzen. Simon entschied sich dafür, gleich mehrere Bäume der erwähnten Gebiete zu zeichnen.

Zum Schluss muss ich mich bei Martin Frischknecht dafür bedanken, dass er die schwierige Aufgabe übernahm, meinen mangelhaften sprachlichen Ausdruck im Deutschen zu verbessern. Wie wir beim Tee in die Tiefe gehen, leistet er diesen Einsatz bei der Sprache. Ohne seine Professionalität wäre dieses Buch wohl ein schlichter Reisebericht geblieben.

Natürlich muss ich mich noch bei vielen Menschen bedanken, die mich während der Corona-Zeit ausgehalten haben, die viel mit mir diskutiert haben, die mit mir degustierten und die mit mir auf Reisen waren.

EINLEITUNG

Bevor ich zum ersten Mal den Wald der Gushu-bäume in Yunnan betrat, betrachtete ich Geschichten, die von Tee handeln, der von tausend Jahre alten Bäumen stammt, stets als Werbetrick. Und vor 2012, bevor ich meine schwere Fußverletzung erlitt und in der Folge die Wirkung von Pu'er selbst erfahren habe, hatte ich wenig Interesse für diese Gattung von Tee. Ich war wie der Frosch in seinem Brunnen. Nachdem Pu'er mir in der schwierigen Zeit geholfen hatte und mich begleitete, wollte ich diesen Tee verstehen. Ich wollte sehen, woher er kommt, wie er entstanden ist und wer ihn produziert.

So führe ich nun alle paar Jahre eine Reise mit Teefreunden in die Wälder von Yunnan durch. Ohne die Hilfe von Yu und seine großzügige Führung wäre das nicht möglich. Er führt uns in Yunnan zu seinem Bauern, in den Wald und zum Tee. Yu ist Teeproduzent, Teeforscher und Teeliebhaber.

Wer ist Yu? Warum führt er uns nach Yiwu anstatt nach Lincang? Warum lässt er in Gaoshan Tee produzieren anstatt in Luoshuidong? Zu dieser Frage möchte ich Yu im Buch selbst zu Wort kommen lassen.

WAS IST PU'ER?

Pu'er Tee kommt aus Yunnan. Nur aus Yunnan. Wie alt ist die Geschichte schon? Man berichtete von diesem Tee bereits zur Tang-Dynastie. Der erste Bericht ist die schriftlich belegte Erzählung eines Beamten, dass Menschen in Yunnan Teeblätter pflückten und diesen mit Gewürzen kochten. Zudem besteht eine Sage, die davon handelt, dass die Ureinwohner Yunnans vor dreitausend Jahren bereits Tee als Tribut an die Zhou-Dynastie ablieferten. Der Übergangsteebaum von Bangwei liefert den lebendigen Beleg für die Teetradition dieses Volks. Aus der Ming-Dynastie gibt es in der lokalen Dokumentation des Hofes von Anfang des 17. Jahrhunderts eine Beschreibung über einen in runder Form gepressten Tee. In der Qing-Dynastie dann wurde der Pu'er Tee von Ruan Fu (1801–1875) sehr genau beschrieben. Dort heißt es, dass dieser Tee aus Xishuangbana stammte und nach Tibet transportiert wurde.

Man kann sagen, dass sich die Entstehung von Pu'er in drei Phasen gliedern lässt:

Phase 1: Vor dem 11. Jahrhundert

Die Teeblätter dienten als Komponenten der lokalen Küche. Damals wurden Teeblätter gepflückt, ohne sie einer eigentlichen Teeproduktion zuzuführen. Eher ist die Verwendung von Tee damals als Gemüse oder Nahrungsergänzung zu betrachten. Während der Tee in Yunnan nicht als «Tee» getrunken wurde, erreichte Tee in gepresster Form seinen Höhepunkt im chinesischen Kaiserreich, gepflegt und monopolisiert vom Hof.

Phase 2: Vom 12. bis zum 19. Jahrhundert

Die Entstehung einer offiziell geführten Teeproduktion. Während sich durch die Ming-Kaiser die Teeproduktion von der gepressten

Form zu der von losen Blättern durchsetzte, wurde die Produktion von Pu'er weiterhin als gepresste Form gepflegt. Und der Pu'er gewann zunehmend an Bedeutung, weil diese Tees als Handelsgut mit Nomanden im chinesischen Norden und Westen der Friedenssicherung dienten.

Yunnan war bis 1253 ein eigenständiges Königreich, während sich die Teeproduktion im Kaiserreich China seit der Song-Dynastie zunehmend von der aufwändigen Produktion gepressten Tees abwandte. Viele Literaten lobten die losen wie die Krallen von Falken aussehenden Teeblätter in ihrer Poesie. Es wäre zu untersuchen, weshalb in Yunnan die alte Machart bis heute bevorzugt wurde, während der Rest von China bereits in die folgende Ära der losen Teeblätter eintrat.

Phase 3: Ab Mitte 19. Jahrhundert

Gegen Ende der Qing-Dynastie verlor die Stadt Pu'er (Simao) ihre Bedeutung als Verkehrsknoten und Umschlagsplatz. Das Teeanbaugebiet wurde in vier Zonen geteilt: Simao (Pu'er), Lincang, Mengla und Menghai. Neben der Produktion von Pu'er wurde auch die Produktion von grünem, schwarzem und gelbem Tee aufgenommen. Die angestammten Pu'er-Teeberge verloren aufgrund des starken Raubbaus in der Vergangenheit und des neuen Konsumverhaltens an Bedeutung. Und es wurden neue unbekannte Gebiete populär.

Die Teeproduktion war jahrhundertelang durch den Kaiserhof monopolisiert, und sie wurde im Zug des Zerfalls des Kaiserreichs privatisiert. Als die Teeproduktion noch monopolisiert war, wurde sie stark besteuert, und durch die Korruption der Beamten drohten der Handel und der Pferdetransport zusammenzubrechen. Erst als Folge des Opiumkriegs (1839–1842) durften viele ausländische Händler nach China reisen, wodurch der Teehandel in Yunnan angekurbelt wurde. Gegen Ende des 19. Jahrhunderts war es vielen individuellen Produzenten möglich, in Yunnan nach ihren Ideen Tee zu scouten, und dadurch begannen überall kleine familiäre Manufakturen zu sprießen. Das Zentrum der Produktion lag im

Gebiet von Mengla. Das ist auch der Grund, weshalb die berühmten Antik-Pu'er aus dem Pflückgut von Yiwu stammen.

Das Zentrum der Produktion von Pu'er wurde in Folge der Republikgründung 1912 nach Menghai verlagert. In Menghai wurde die erste Pu'er-Teefabrik errichtet. Das war 1940, und sie hieß Fohai. Runde Teefladen mit grünem Aufdruck wurden zur ersten Partie dieser Produktion. Zur gleichen Zeit entstand die Teefabrik von Nannuoshan – eigentlich die erste ihrer Art in ganz Yunnan –, und dort wurde die erste Partie von Dianhong geboren. 1954 wurde Nannuoshan zu einem Teil der Menghai-Teefabrik. Ihr Gründer Bai Mengyu verließ Nannuoshan. Er floh nach Thailand, wo er an seinem Lebensabend Bücher über den Islam schrieb.

In den Fünfzigerjahren des 20. Jahrhunderts fiel die Teeproduktion wieder in staatliche Hand. Vier legendäre staatliche Fabriken schrieben mit ihrer Produktion Geschichte, und die Zahlen wie 7542, 8892 oder 8582, mit denen sie sich bezeichneten, verwirrten und verwickelten die Teeliebhaber in Zahlenmystik. Ende der Achtzigerjahre wurde in China die Privatwirtschaft erlaubt, und es entstanden zahlreiche familiäre Produktionsstätten. Pu'er wurde immer populärer – dank der Nachfrage vieler Händler in Hongkong und Taiwan. 2006 erfasste die Marktwirtschaft endgültig die Landschaft des Pu'er. In diesem Jahr stiegen die Preise zunächst rasant in die Höhe. 2007 fiel der Preis dann wieder um zwanzig bis fünfzig Prozent. Im Rückblick spricht man heute von Pu'er-Blasen.

Mit dem Abflauen der Blasen fielen zwar die Preise der unseriösen, aufgeblähten Produkte aus neuen Teeanbaugebieten, trotzdem stieg der Preis für die seriöse Produktion von Gushu-Pflückgut stetig. Die Preise der Tees aus verschiedenen Anbaugebieten und mit unterschiedlichem Pflückgut differenzieren sich immer mehr. Gerne möchte ich im folgenden Kapitel einen kurzen Abriss über die verschiedenen Produkte des Pu'er geben.

LINCANG, PU’ER UND XISHUANGBANA

DIE ANBAUGEBIETE VON PU'ER

Die Gliederung der Anbaugebiete verschiebt sich ständig. Ich habe mindestens von vier verschiedenen Einteilungen gelesen. 1: Mengla, Menghai, Lincang und Pu'er (Simao); 2. Xishuangbana, Pu'er (Simao) und Lincang; 3. Baoshan, Bana, Lincang und Pu'er; 4. Yiwu, Menghai, Lincang und Pu'er.

Die erste Einteilung war populär bis vor 2014. Durch immer stärkeres Marketing und durch die inflationäre Suche nach günstigeren Anbaugebieten des Pu'ers findet eine interessante Verschiebung statt. Wir sehen, dass heute das unbekannte Gebiet Baoshan[1] neben Lincang und Pu'er als eines von vier Gebieten des Pu'ers dargestellt wird. Und die traditionsreichen Gebiete Menghai und Yiwu fusionieren als ein Gebiet neben Lincang und Pu'er. Lincang und Pu'er sind Gebiete, deren Preise nicht mit den Preisen aus Menghai und Yiwu zu vergleichen sind. Nicht nur der Preis, sondern auch der historische und traditionelle Hintergrund sind nicht vergleichbar. Diese Art von Verschiebungen lässt bei einer langjährigen Beobachterin wie mir die Alarmglocken schrillen.

Yu erklärte mir, dass die Neuheit der vielen neuen Namen Händlern einen neuen Raum eröffne, in dem sie operieren können. Der Einfluss des Marktes kommt dadurch stärker ins Spiel als der Charakter der Tees. Falls der Tee aus einer bestimmten Region charakteristisch und unverwechselbar ist, wie das in Yiwu der Fall ist, steigt dessen Preis auch nach dem Zusammenbruch der Blase 2006/7. Teepflanzen lassen sich überall in Yunnan finden, und an vielen abgelegenen Orten sind es sogar alte Teepflanzen. Es ist nicht sehr sinnvoll, von einem Ort zu behaupten, dessen Tee sei besonders gut, nur weil sich dort viele Gushu-Pflanzen entdecken lassen. Überdies besteht ein guter Pu'er nicht nur aus gutem Material, sondern entstammt auch gutem Handwerk.

Seit fünf Jahren werden von vielen Händlern die Regionen Baoshan und Lincang erwähnt. Der Preis der Tees aus diesen

Yibang
Tianmenshan
Gedeng
Yishanmo
Lancang Fluss
Bohetang
Manzhuan
Mangzhi
Chawangshu
Gaoshan
Yiwu

Gebieten ist jedoch nicht transparent. Oft stehen Newcomer dahinter, die in den Markt von Pu'er drängen. Hingegen ist der Preis in Bana (Menghai und Yiwu) sehr transparent. Bei der Pflückung hält man sich an vier Preiskategorien: Xiaoshu, Gushu, Blend oder Dancong.

Ich werde mich im Folgenden auf die 4. Einteilung konzentrieren. Anhand von vier Bildern lässt sich ein klarer Überblick über die Teeberge der jeweiligen Gebiete gewinnen.

Yiwu

Dieses Gebiet beinhaltet die sogenannten alten sechs Teeberge: Gedeng, Yibang, Mangzhi, Manzhuan, Yiwu und Youle. Die Namen der sechs Berge werden zum ersten Mal erwähnt in einem Buch aus der Qing-Qianlong-Periode (1735–1796). Damals hieß Yiwu Mansa. Außer dem in Jinghong liegenden Youle-Berg befinden sich die anderen fünf Berge im Bezirk Mengla, östlich oder rechts des Lancang-Flusses. Heute liegt Yiwu beim gleichnamigen Dorf, während Gedeng, Manzhi, Yibang und Manzhuan auf dem Gebiet des Dorfes Xiangming liegen. In der Yongzheng-Periode (1723–1735) wurde dokumentiert, dass in Xiangming und Yiwu kaiserliche Tribut-Tees produziert wurden. Pu'er war ein Zeichen des Privilegs für die Qing-Adeligen. Der Tee wurde in Yiwu und Yibang gepresst und nach Beijing transportiert.

Die Sagen über diese alten sechs Berge hängen zusammen mit einer berühmten historischen Figur: Zhu Geliang (220–280). Dieser Name gehört zum gemeinsamen kollektiven Gedächtnis der Chinesen, weil Zhu Geliang nicht nur ein hervorragender Politiker war, sondern auch der Eroberer von Yunnan und Sichuan. Es wird erzählt, dass er in den sechs Bergen sechs wichtige «Dinge» hinterlassen hat: in Mangzhi das Kupfer; in Manzhuan das Eisen; einen Damm in Youle; Holz in Yibang; Steigbügel in Gedeng; einen Beutel in Yiwu.

Aufgrund der kaiserlichen Tradition stammen viele schöngereifte Pu'er und sogenannte «Antik[2]»-Pu'er aus Yiwu. Bei einer Degustation ahnt man, dass es wohl der Tee von Yiwu ist, der den

MENGHAI

Mannuo
Lancang Fluss
Zhanglang
Menghai
Banzhang
Banpen
Laobanzhang
Laomane
Bulangshan

typsischen Geschmack von Pu'er aufweist. Für die modernen Pu'er-Liebhaber wäre es ein guter Rat, Yiwu-Tee zu lagern.

Der Tee allgemein hat eine feine florale, fruchtige Honignote. Sein Charakter ist eher sanft und zugänglich. Tief und breit. Dichte Textur mit erhellender Wirkung.

Menghai

Das Gebiet wird auch als das der sechs Berge außerhalb des Flusses Lancang (Mekong) bezeichnet. Es sind: Nannuo, Bulang, Bada, Mengsong, Jingmai (Hekai, Pu'er-Gebiet), Nanqiao.

Nannuoshan und Badashan sind berühmt durch die dort vorkommenden alten Teebäume – sogenannte Chawangshu[3]. Bulangshan ist bekannt für legendäre Dörfer und charaktervolle Tees wie zum Beispiel Banpen, Laomane und natürlich Laobanzhang! Leider setzt man in den Bergen von Bada und Mengsong vermehrt auf Taidi-Produktion. Zum Beispiel die Teefabrik «Dayi»[4] hat ihre Basis in Bada. Dort wird hauptsächlich für Dayi produziert. Man begegnet diesem Phänomen auch bei Bulangshan. Dort liegt ein groß angelegter Bio-Teegaren (Shengtai Cha) von Dayi. Beim Nanqiaoshan gibt es heute nur noch ein spärliches Gushu-Vorkommen und mehr Teebüsche. Qualitativ ist das wohl nicht mit anderen der erwähnten Teeberge zu vergleichen.

Der Tee hat meistens eine dichte Textur und eine aufsteigende Duftnote. Charakterstark und tiefgründig.

Lincang

Von diesem Gebiet heißt es, dass heute die meisten Pu'er von dort kommen. Bekannte Orten sind Mengku, Bangdong, Matai, Yongde und Fengqing (sehr berühmt für den Schwarztee). Yu erzählte mir, die Teepflanzen in Lincang seien stark und groß. Die gut aussehenden Teebäume wirken beeindruckend.

Frisch produzierter Tee von Lincang kann lieblich süß schmecken und blumig duften, meist wirkt er aber eher adstringierend. Die Textur schmeckt im Vergleich mit Yiwu oder Menghai eher

LINCANG

dünner und schmaler. Die herbe adstringierende Note nimmt durch die Reifung leider nicht ab. Dieses Phänomen lässt Teeliebhaber, die Pu'er lagern möchten, eher sich abwenden. Für Teetrinker, die gerne jungen Pu'er genießen und eine florale, leicht herbe Note schätzen, liegt hier wohl eine günstige Variante vor. Der Lincang-Tee bietet für kommerzielle Pu'er-Produktion mehr Möglichkeiten, eine attraktive Marge zu erzielen.

Pu'er

Urpsrünglich hieß dieses Gebiet Simao. Seit 2007 heißt es Pu'er Stadt. Im Pu'er-Gebiet findet man bestens angelegte moderne Teegärten mit großer Anbaufläche und steigender Produktion. Der Geschmack ist sanft, aber adstringierend. Bekannte Gebiete sind Bangwei, Wuliangshan und Jingmai. Vor allem Jingmai ist heute touristisch gut erschlossen. Zum berühmten Gushu-Tee-Wald kann man per Auto hinfahren und dort überall für Fotos anhalten. Der Tee hat eine süßlich florale Note mit adstringierend herber Note.

PU'ER
Wuliangshan
Bangwei
Pu'er
Jingmai

DIE KATEGORIEN DES PU'ERS NACH DEN KRITERIEN VON ANBAUMETHODE UND MARKTWIRTSCHAFT

Pu'er-Tee wird auf dem Markt in verschiedenen Kategorien geführt. Ich versuche, hier das Chaos zu klären. Wenn wir die Anbaumethode als Kriterium nehmen, können wir Pu'er in folgende Kategorie unterteilen: Yesheng und Chayuan (Teegarten: Taidi und Huangshan). Aufgeteilt nach den Kriterien des Marktes sind es: Gushu, Huangshan, Taidi.

Nach der Anbau-Methode

Yesheng (wild gewachsen) bedeutet Teepflanzen, die im Freien wachsen, frei von der Einflussnahme von Menschen, also auch nicht bewässert oder kultiviert.

Taidi: Intensive Landwirtschaft mit Teegärten, zum Beispiel in Terrassenform. Die Pflanzen werden regelmäßig geschnitten und gepflegt. Die Teepflanzen sind oft aus Hybriden anstatt aus Samen gezogen. Sie werden niedrig gehalten. Das Pflückgut von Taidi liefert 90% des Rohmaterials für die Pu'er-Produktion.

Nach den Kriterien des Marktes

Huangshan: Ursprünglich von Menschen angepflanzt. Meistens aus Samen. Aufgrund der historischen Entwicklung sind diese Pflanzen nicht gepflegt worden und man hat sie frei wachsen lassen, also auch nicht geköpft oder niedrig gehalten. Solche Pflanzen sehen meistens wie Büsche aus.

Gushu: Das Alter der Bäume liegt bei über hundert Jahren. Diese Beschreibung stimmt überein mit einer offiziellen Erklärung der Xishuangbana-Regierung von 2011. Die Höhe der Bäume liegt zwischen 5 und 15 Meter, einzelne sind sogar noch höher. Egal ob sie ursprünglich von Menschen angepflanzt worden sind, werden diese Teebäume nicht gepflegt, und sie wachsen in freier Natur. Die Ernte von Gushu findet je nach Wetter meistens Ende März und Anfang April statt. Durch Trockenheit kann es sogar bis Ende April werden.

Guoyoulin und hochstämmige Gushu (Gaogan Chashu): Alte Teebäume, die im Urwald aufgrund des gemischten Milieus hoch aufgeschossen sind. Sie sollten mehr als fünf Meter hoch sein. In Yiwu sind sie meistens über zwanzig Meter hoch. Seit einigen Jahren erhöht die Beliebtheit des Gaogan Chashu wegen seines Rufs, in ferner, reiner Natur zu wachsen. Durch diese steigende Popularität wird der Begriff «Guoyoulin» für «staatlicher Wald» immer bekannter. In solchen Wäldern, die unter der Aufsicht des Staates stehen, wird das Pflücken unter den Bauern nach Gewohnheitsrecht verteilt, und meist wachsen hier die Gaogan-Teebäume! Guoyoulin liegen immer in abgeschiedener Natur und sind meist unzugänglich. Oft stehen sie unter Schutz und werden überwacht. Trotzdem kommt es in solchen Gebieten zu vielen Verstößen. Manch ein Bauer wollte schon zusätzlich Raum für die Teebäume gewinnen, indem er andere Baumarten aus dem Weg räumte. Oder ein Bauer, wie beispielsweise einer aus Bohetang, pflanzte neue Bäume in den geschützten Wald. Durch solche menschlichen Eingriffe wird jedoch der wahrhafte Vorteil einer intakten Natur zerstört. Diese missliche Situation wird den Tee aus Guoyoulin zunehmend in Verruf bringen. Auch wenn nicht alle Guoyoulin problematisch sind.

Huangshan: Diese Art von Garten entsteht durch eine politische Kampagne. Die Teepflanzen werden von Menschen aus Samen gezogen, worauf sie sich frei entfalten können und nicht niedrig gehalten werden. Das Alter dieser Pflanzen liegt oft nicht über sechzig Jahren.

Xiaoshu: Diese Art von Anbau ist entstanden nach marktwirtschaftlichen Vorgaben. Seit 1985 werden immer mehr Tees auf diese intensive Art angebaut. Aus Hybriden, die viel Ertrag bringen und meist mehrere Pflückungen im Jahr erlauben. Auf diese Weise wird nicht bloß Pu'er produziert, sondern auch Schwarztee. Das

Spektrum von qualitativ ansprechendem Xiaoshu und Xiaoshu aus der Massenproduktion ist breit. Die Konsumenten müssen sich gut informieren und ein sicheres Geschmacksvermögen besitzen, um die Unterschiede beurteilen zu können. Die Ernte von Xiaoshu ist die früheste Ernte eines Jahres in Yunnan. Wenn man im März hört, dass nun der Tee geerntet werde, so ist er bestimmt aus Taidi und entstammt einem Xiaoshu-Anbau.

Kategorien nach Produktionsverfahren

Man kann die Produkte von Pu'er in zwei große Kategorien aufteilen: Produktion in der Fabrik (Chang Cha) und private Produzenten.

Chang Cha: Diese Produkte stammen aus den großen ehemals staatlichen Teefabriken, die hauptsächlich mit Taidi Cha – Xiaoshu handeln. Oft wird das Pflückgut von Gushu vermischt mit anderen Ernten, das heißt, es wird gestreckt. Solche Produkte werden von den meisten Konsumenten aufgrund ihrer Bekanntheit gekauft. Und es sind diese Produkte, deren Handel die wirtschaftliche Blase des Pu'er-Booms von 2006 bildete. Diese Art von Tees ist auch heute noch beliebt bei Spekulanten.

Private Produzenten: Yunnan als bekanntes Reiseziel zieht immer Touristen an. Viele Teekaufleute pilgern selbst in die Teeberge und kaufen dort direkt ein. Da die meisten von ihnen jedoch auf dem Niveau von Touristen bleiben, treiben sie durch ihr Handeln den Marktpreis nach oben. Selten verfügen diese Leute über ein gutes Urteilsvermögen, über den nötigen Geschmack und das Hintergrundwissen zur Produktion.

Wenn private Produzenten in den Teebergen auftreten, wird eine Aufteilung in vier Kategorien vorgenommen:

Xiaoshu sind später gepflanzte, aus Samen gesprossene Teebüsche und meist nicht sehr alt. Bei der gemischten Pflückung besteht die Ernte aus Blättern älterer und jüngerer Bäume. Bei ausgewählten Bäumen handelt es sich um Baumgruppen von Gushu im Wald. Und beim einzelnen Baum (Dan Cong) konzentriert sich die Ernte tatsächlich auf einen einzigen großen alten Baum.

Der Geschmack einzelner Bäume kann variieren. Ist man sicher, dass man einen gut schmeckenden Baum ausgesucht hat? Oder ist der gut schmeckende Baum vielleicht so groß und stark, damit man damit werben kann? Das heißt, ein Gushu Pu'er aus Tianmenshan ist nicht gleich wie ein Pu'er aus Tianmenshan. Der Preis variiert stark. Wie der gekaufte Tianmenshan tatsächlich ist, hängt von dem Pflückgut ab. Und dabei kommt es stark darauf an, was ein Lieferant erzählt und zugeben mag.

Ich hoffe, dass ich damit einen Überblick über den Pu'er vermitteln konnte.

WAS IST DIE PFLANZE CAMELLIA ASSAMICA?

Hung-ta Chang (Zhang Hongda, 1914–2016) ist ein legendärer chinesischer Botaniker und Wissenschaftler. Man kann seinen Namen oft in Verbindung mit den wissenschaftlichen Namen von Teepflanzen finden, zum Beispiel Camellia ptilophylla H. T. Chang. Auch im Namen einer Pu'er-Teepflanze kommt er vor: «Camellia assamica (Mast.) Chang». Er fand und bestimmte selbst bei der Theacea-Familie über 200 verschiedene Arten. Vor ihm glaubte man, dass die Teepflanzen in Yunnan Camellia assamica seien und dass sie aus dem nahegelegenen Assam stammten. Durch seine Forschung wurde erst aufgeklärt, dass umgekehrt die Assamicapflanzen aus China stammen. Er nannte diese Pflanzen in Yunnan aus einem wissenschaftlichen Grund «Pu'er-Teepflanzen – Pu'er Cha». Außerhalb Chinas werden diese Pflanzen jedoch immer noch auf Lateinisch als «Camellia sinensis var. assamica» bezeichnet, in China selber Camellia assamica Chang.

In seiner Benennung von «Pu'er Cha» als chinesische botanische Bezeichnung der Teepflanze überlappen sich verschiedene Bedeutungen. Pu'er Cha bedeutet einerseits der Tee aus dem geographischen Raum um Pu'er Stadt in Yunnan; andererseits eine Herstellungsmethode von chinesischem Tee; darüber hinaus auch botanisch.

Pu'er wird aber nicht nur aus Pflanzen der «var. assamica» gewonnen, sondern auch aus anderen Arten.

In der Theacea-Familie gibt es verschiedene Gattungen und Arten. Zwischen den Arten und Gattungen gibt es noch Sektionen – Thea und Serien – Sinensis etc. von Camellia-Pflanzen. Camellia sinensis hat noch unterschiedliche Varietäten. Neben diesen Varietäten existieren auch noch nahe Verwandte. Sie wachsen nebeneinander im tiefen Wald Südasiens, in China und auf Taiwan. Solche nahen Verwandten gehören mit Camellia sinensis zur gleichen Serie.

Sie werden in China und in Taiwan oft als wilder Tee «Yesheng» bezeichnet, sind aber nicht wirklich «Camellia sinensis L. Ktze». Aus fast allen solchen «wilden» Pflanzen können Getränke und Tee hergestellt werden. Aber nicht alle sind geeignet für einen guten «Tee». Viele von diesen Teepflanzen sind dem Menschen nicht bekömmlich. Manche sind sogar «giftig». In der chinesischen Medizin würde man so ein Getränk als «Han-» als zu kalt bezeichnen. Sie bringen Durchfall oder andere Krankheitssymptome hervor. Unwissende Menschen suchen nach Sensationen und veräußern die Produkte solcher Pflanzen besonders teuer. In der Tat handelt es sich bei vielen dieser Sorten nicht um «Tee», sondern um Kräuter-Infusionen.

Chang Hung-ta untersuchte sein Leben lang Teepflanzen der Camellia-Familie. Er entdeckte, dass man anhand der Kriterien von «Gattung» und «Arten» die Vielfalt der Camellia-Familie nicht dokumentieren kann. Und dass auch eine Unterteilung mit dem Begriff «Varietät» Camellia sinensis nicht die ganze Wahrheit über Teepflanzen erfassen kann. Er ergänzte 1984 die Einteilung von Kuntze aus dem Jahre 1887. Dabei entwirft er noch einen Begriff für die Sektion Thea (Cha), um die Unterteilung der Camellia-sinensis-Gattung besser zu veranschaulichen. Er beschreibt vier Serien unter der Sektion Thea. Unter der Serie Sinenses Chang sind elf verschiedene Spezies.[5] Zehn Spezies von dieser Serie wachsen in China, eine wächst in Vietnam. Darunter Camellia sinensis (Camellia sinensis (L.) O. Ktze) und Camellia assamica (Mast.) Chang (der sogenannte Camellia sinensis var. assamica).[6]

Das heißt, er stellt Camellia assamica als eine eigene Art anstatt als eine Varietät von Camellia sinensis dar. Außerdem gibt es innerhalb der Serie «Sinenses Chang» noch viele weitere Spezies. Diese Darstellung ist anders als die verbreitete Darstellung im Web, die wohl aus Wikipedia entnommen wurde. Hier wird häufig behauptet, dass Camellia sinensis aus vier Varietäten besteht[7]. Laut Kunming Institute of Botany, Chinese Academy of Sciences hat Camellia sinensis drei Varietäten[8] und Camellia assamica ebenfalls drei Varietäten[9]. Die Glaubwürdigkeit des Online-Lexikons möchte ich hier nicht bestreiten, doch was ich hier zitiere, entspricht wissenschaftlichen Quellen.

Chang versuchte 1981 sogar aus Camellia ptilophylla H. T.Chang sogenannten «Kakao-Tee»[10] zu produzieren. Weil dieser «Tee» wenig Teein beinhaltet, sondern mehr Theobromine sei er bekömmlich für Menschen, die Nachtruhe brauchen. Außerdem sollte dieses Getränk die Herz-Funktion stärken. Der Ersatz-Tee war stets ein Zentrum in seiner Forschung, obwohl Chang als der «Vater von Pu'er Cha» in China berühmt wurde.

Weitere Kategorien zur Unterscheidung von Pu'er sind:

1. Die Unterscheidung der Teepflanzen aufgrund der Evolution

Pu'er Cha kann vom Standpunkt der Evolution aus bezüglich der Kultivierung in drei Kategorien unterschieden werden.

In kultivierte Pflanzen, genetisch ältere Pflanzen und solche des Übergangs. In Lincang Bangwei wurde ein einziger Teebaum entdeckt, mit dem sich der Übergang zwischen dem genetisch ursprünglichen Zustand und der kultivierten Errungenschaft belegen lässt. Dieser Baum steht 1990 m ü. M. und ist 11,8 Meter hoch. Bei seinen Blüten und Früchten weist er den Charakter einer ursprünglichen Teepflanze auf, daneben hat er aber auch den Charakter von kultivierten Teeblättern und Zweigen. Durch die Entdeckung dieses Baums wurde Chinas Status als Heimat von Camellia sinensis besiegelt. Doch welcher Varietät gehört dieser Baum an? Die im Jahr 2016 erschienene Abhandlung «Yunnan Chashu Zhongzhi Ziyuan» bezeichnet das als unklar[11]. Hingegen bezeichnet Prof. Wang Xiaochun diesen Baum als C. taliensis var. Bangwei[12].

Vom Teebaum in Lincang Bangwei wird noch immer Tee produziert. Ich hatte das Glück, von Yu solchen Tee geschenkt bekommen zu haben. Was heute mit diesem Tee geschieht, weiß ich leider nicht. Sehr wahrscheinlich wird diese Rarität nur unter der Hand verkauft.

Nach der genetischen Klassifikation wird Tee in drei Kategorien unterteilt: 1. die C. sinensis var. sinensis, 2. die C. sinensis var. assamica und 3. die wilden Camellia-Spezies[13].

Die meisten Pu'er-Tee werden aus kultivierten Camellia sinensis (L.) O. Ktze oder Camellia assamica (Mast.) Chang, aber auch wild wachsenden Camellia-Spezies produziert.

2.
Die Unterscheidung von Teepflanzen nach der Anbaumethode

Die geschichtliche Entwicklung von Pu'er kann uns dabei helfen, unterschiedliche Begriffe wie Taidi, Xiaoshu, Huangshan, Shengtai, Gushu, Guoyoulin oder Yesheng zu verstehen. Ich werde dieser Unterscheidung ein eigenes Kapitel (S. 27) widmen.

3.
Unterscheidung nach der Herstellungsmethode: Sheng und Shou

Durch die letzte Phase der Produktion entstehen zwei Kategorien: Sheng – direkt nach der Sonnentrocknung zum Fladen gepresst; Shou – nach der Sonnentrocknung wird noch eine künstliche Fermentation unternommen. Die Details dazu werden in dem Kapitel über die Herstellung von Pu'er besprochen.

4.
Unterscheidung nach Lagerung: Gan (trocken) und Shi (feucht)

In häufig vorkommender irrtümlicher Propaganda wird mit einer Höhlen-Lagerung bei hoher Luftfeuchtigkeit des Pu'er geworben. Eine solche extreme Feuchtigkeit würde der Lagerung aber gar nicht guttun! Eine Luftfeuchtigkeit zwischen 60 und 80 % ist für die Lagerung von Pu'er ideal. Warum gibt es dennoch immer noch die Shi-Cang-Lagerung (feuchte Lagerung)?

Durch die Lagerung in feuchtem Raum kann der Tee schneller reifen. Aber eine rasche Reifung führt zu einem Verlust an Qualität. So ist z. B. der Geschmack eines solchen Tees ist schwer, modrig und undifferenziert. Eine gute Lagerung braucht damit verglichen zwar mehr Zeit, sie kann uns aber einen differenzierten Geschmack bescheren von reifen Früchten, Laub, Erde oder Dörrfrüchten.

5.
Die Unterscheidung nach Varietäten oder Kultivar

Vor 1985 wurde Pu'er-Tee von den staatlichen Fabriken immer von Pflanzen gewonnen, die aus Samen gesprossen waren. Nach 1985 wurden viele Kultivare künstlich aussortiert und gezüchtet. Danach sind solche gezüchteten Hybride-Kultivare (Liang Zhong auf Chinesisch. Das bedeutet gute Spezies) weit verbreitet und bevorzugt worden.

Chang unterscheidet Camellia assamica in drei Varietäten: Camellia assamica H. T. Chang var. assamica; Camellia assamica H. T. Chang var. Kucha Hung T. Chang & H. S. Wang und Camellia assamica H. T. Chang var. polyneura Hung T. Chang.

Außerdem gibt es auch Pu'er-Tee aus anderen wilden Spezies, nicht nur aus Assamica.

Neben dem Begriff Varietät gibt es etliche Kultivare wie Pasha, Liuyemei, Banzhang 13 Chai. Manchmal ist die Definition von Varietät und Kultivar auch unscharf. Zum Beispiel gibt es eine andere Sorte Hong Erduo mit einem purpurfarbenen Blatt neben der Sorte Mao Erduo mit grüner, kleinblättriger Form. Ist Hong Erduo ein Kultivar? Er ist entstanden in der Natur und sollte eine Varietät sein, oder?

Hingegen ist die Oolongsorte Sijichun ein Kultivar, obwohl er aus dem Teegarten auf natürliche Weise entstanden ist. Der Teegarten ist an sich von Menschen geschaffen.

Da ich nicht Botanikerin bin, versuche ich in meinen Aussagen vorsichtig zu bleiben.

GEDANKEN ZU VARIETÄT, KULTIVAR UND BIODIVERSITÄT

In der Vergangenheit habe ich Teesorten immer als Varietät bezeichnet, weil ich es als passend betrachtete, wenn Kultivar auch als «Kulturvarietät» bezeichnet wird. Und «Varietät» als Bezeichnung ist bestimmt breiter gefasst. Dabei habe ich einen sehr wichtigen Aspekt nicht verstanden: den Einfluss des Menschen.

Ein Kultivar ist eine Pflanze, die durch genau definierte genetische Information angebaut wird. Das setzt voraus, dass solche Pflanzen durch menschliches Handeln ausgelesen, durchgekreuzt oder verändert werden. Pflanzen dieser Art heißen «Sorte». Zum Beispiel die Sorte Sijichun oder die Sorte Formosa No. 24. Selbstverständlich gehören sie hierarchisch in der Botanik unter Familie, Gattung und Art (Spezies). Die beiden Sorten waren ganz am Anfang eher eine Varietät, die in der Natur auftraten und sich anders entwickelten als die Muster-Art.

Die Oolong-Sorte Sijichun 四季春 ist entstanden aus einem Teegarten in Muzha. Während die anderen Teepflanzen noch im Winterschlaf lagen, begann diese anders aussehende Pflanzensorte zu wachsen. Das war die Geburtsstunde der beliebten Oolongsorte. Aus ihr wurden Stecklinge gezogen. Dabei will der Teebauer die exakte Information des Erbguts fortpflanzen, indem er ein Blatt der Mutterpflanzen nimmt und in die Erde steckt. Solche geklonten Pflanzen sind identisch. Falls sich eine Sorte auf die Weise durchsetzt, verarmt die Diversität des Teegartens und der Teekultur.

Formosa No. 24 台茶24號 stammt ursprünglich aus den abgelegenen Bergen Taiwans und ist eine Varietät von «Camellia formosensis (Masam. & Suzuki)». Durch eine stetige Auslese ist der Kultivar Formosa No. 24 entstanden, und dadurch tragen Setzlinge dieser Sorte exakt die identische Gestalt, und damit bestückte Gärten werden zur Monokultur.

Hingegen bleiben die Sorten «Mao Erduo» oder «Banzhang 13 Chai» eher eine «Varietät». Diese Varianten kommen in der Natur vor und fallen den Bauern auf. Früher wurden sie für Tee mit anderen Pflanzen gemischt. Heute werden sie separat gepflückt. Und sie werden immer noch als Samen weiter ausgesät.

Zuerst war es eine Varietät und aus dieser Varietät können verschiedene Kultivare entstehen. Eine Varietät kann fortgepflanzt werden, wenn sie sich durch Samen verbreitet. Ein Kultivar hingegen pflanzt sich nur durch Stecklinge und nicht durch Samen fort, weil die Züchter und Pflanzer immer nur gerade die Information eines bestimmten Kultivars erhalten wollen. Falls ein Kultivar durch Samen verbreitet würde, würden die jungen Pflanzen einen anderen Charakter haben als den, welchen sich die Menschen wünschen. Und das würde eine einheitliche industrielle Produktion verhindern. Diese Art der Ausbreitung ist bei der intensiven Form des Teeanbaus unerwünscht. Einerseits wünschen die meisten Konsumenten stets denselben Geschmack, und das Jahr für Jahr gleich; andererseits wollen Teeproduzenten sämtliche Faktoren unter ihrer Kontrolle halten, um sich einen besseren Absatz zu sichern.

Traditionelle grüne Teesorten stammen eigentlich immer aus dem Anbau mit Samen. Das heißt aus einem Garten voller Diversität. Dadurch haben die Bauern mehr zu tun, und auch von den Teeproduzenten erfordert es mehr Anstrengungen. Die Pflanzen wachsen zu unterschiedlichen Zeiten, und sie haben unterschiedliche Merkmale. Man kann sie nicht einfach auf einmal pflücken und den Tee mit einer einheitlichen Methode produzieren. Während der Corona-Pandemie stellte sich bei vielen Teesorten das Problem, dass als die Bauern pflücken durften, bereits manche Pflanzen zu weit gediehen waren. Trotzdem kann und sollte man den Konsumenten erklären, dass die Ernte eines solchen Jahres anders ist. Der Geschmack ist intensiver. So ist die Natur! Durch unsere Arbeit und Unnachgiebigkeit können wir die Diversität des Teegartens aufrechterhalten. Außerdem sind solche Pflanzen für die Natur nachhaltiger, da sie Hauptwurzeln bilden und nicht bewässert und gedüngt werden müssen.

Bei Pu'er-Tee war bis in die 80er-Jahre hinein die Frage einfacher zu beantworten. Pu'er wurde mehrheitlich von «individuellen» Pflanzen gewonnen, die aus Samen gewachsen waren. Für mich gehört «richtiger» Pu'er ebenfalls zu dieser «Varietät» von Pflanze. Sie sind nicht aus Stecklingen gezüchtet. Ab den 80er-Jahren, als man «Liang-Zhong: gute Art» züchten konnte, setzen sich die gezüchteten Kultivar-Sorten in den meisten Taidi-Produktionen (S. 27) durch. Als Teehändler frage ich stets meinen Geschäftspartner, woher die Pflanzen kommen: aus Samen oder Liangzhong. Bei Yu war es klar – wir haben dasselbe Verständnis: Pu'er aus alter Machart muss von Pflanzen kommen, die aus Samen gesprossen sind. Jede Pflanze hat ihre Eigentart. Sie ist ein aus Samen stammendes Individuum, nicht aus einem Klon.

Der Kultivar ist «forciert» und «künstlich». Ein Tee aus Kultivar weist den reinen Geschmack einer gewollten Richtung auf. Er ist schön, oft sogar wunderschön. Darum wird er bei Oolong bevorzugt. Der «archaische» Geschmack des aus Samen gezogenen Oolongs gefällt vielen Konsumenten nicht. Trotzdem sollten Tees aus Samen auch heute in unserem Teeschrank ihren Platz haben!

Ich bedanke mich für mehrere Gespräche mit Brigitte Egger, einer promovierten Botanikerin (Pflanzenökologie). Sie hat mir geraten, dringend über das Thema «Tee und Biodiversität» zu sprechen. Denn auch im Teegarten braucht es Biodiversität!

DIE PU'ER-PRODUKTION
Florian Lehner und Kai Schnorr

Um Spitzen-Pu'er-Tees zu produzieren, sind zwei Dinge von besonderer Bedeutung:

Zum einen spielt die natürliche Umgebung der Teepflanze eine große Rolle, da die Bodenzusammensetzung, die umgebende Flora und die klimatischen Gegebenheiten maßgeblich das Wachstum und die chemische Zusammensetzung der Pflanzeninhaltsstoffe determinieren. Zum anderen spielen die Menschen, die den Tee produzieren, eine besondere Rolle, da eine achtsame Pflückung mit Augenmaß und Fingerspitzengefühl sowie die darauf folgenden Produktionsschritte, wie etwa das Trockengaren (auch «Kochen» genannt), dieses besondere Blattgut entweder zu einem herausragenden Pu'er veredeln oder – bei fehlerhafter Handhabung – diesen Tee ungenießbar machen können.

Das Blattgut, das Meister Yu bezieht und zu seinen besonderen Pu'ers verarbeitet, wird von Gärten geerntet, in denen die Pflückerinnen sehr gut ausgebildet wurden. Unausgebildete Hilfskräfte werden nicht eingesetzt. Dadurch wird sichergestellt, dass die Pflanzen keinem folgenschweren Stress ausgesetzt werden und sie auch nachhaltig bepflückt werden können. Für den in der Produktion sehr diffizilen Prozess des Trockengarens reisen während der Erntephase eigens von Meister Yu ausgewählte «Tee-Köche» mit ihm, weil nur sie das Vertrauen von Meister Yu genießen, um das Blattgut achtsam und qualitätsbewusst zu verarbeiten.

Im Allgemeinen werden bei der Herstellung von Pu'er die zwei übergeordneten Produktionsarten Sheng und Shou unterschieden.

Als Sheng Cha wird natürlich gereifter Pu'er in der Regel von Gushu-Bäumen bezeichnet. Ab 5 Jahren Lagerung (unter klimatischen Bedingungen wie die von Yunnan oder Taiwan) kann er als

Sheng bezeichnet werden. Als Shou Cha, «Cooked» Pu'er oder «Ripe» Pu'er Cha werden «post-fermentierte» Tees bezeichnet. Hierbei wird die Reifung des Pu'er durch eine wiederholte wöchentliche Befeuchtung des aufgeschichteten Blattguts beschleunigt.

Die Produktion von Pu'er-Tee lässt sich grob in folgende Schritte unterteilen, die im Anschluss näher erläutert werden:

1. Ernte/Pflückung/Wiegen durch PflückerInnen
2. Ausbreiten auf Netzen zum «Luftholen» auskühlen/abkühlen
3. Trockengaren/Kochen
4. Rollen (Yiwu-Art)
5. Sonnentrocknen und Sortieren (Zwischenprodukt: Maocha)
6. [Beschleunigter Fermentationsprozess (bei Shou Pu'er)]
7. Zu Fladen pressen

Ernte/Pflückung mit anschließendem Wiegen

Um Pu'er-Tees nachhaltig und in Spitzenqualität zu produzieren, ist es wichtig, dass das Bepflücken der Teebäume von erfahrenen Pflückerinnen oder Pflückern geschieht. Zunächst darf der Baum hierbei natürlich nicht verletzt werden, und es darf nicht zu viel geerntet werden, um die Pflanze keinem übermäßigen Stress auszusetzen. Jeder Erntevorgang nimmt einen Einfluss auf die folgenden Ernten, weshalb der achtsame Umgang mit den Teepflanzen von großer Bedeutung ist, um Jahr für Jahr eine möglichst gleichbleibend hohe Blattgutqualität ernten zu können.

Ausbreiten auf Netzen zum «Luftholen», Auskühlen/Abkühlen

Nach der Pflückung wird das frische Blattgut auf Netzen ausgebreitet. Hierbei findet das sogenannte «Auskühlen» statt, ein Schritt, bei dem die Teeblätter ruhen gelassen werden, um sinnbildlich «nach Luft schnappen» zu können. Wie bei allen Produktionsschritten entscheidet bei Spitzen-Pu'er-Tees der Teemeister über Duft und Haptik, wann das Blattgut weiterverarbeitet wird.

Trockengaren/Kochen

Der folgende Schritt, der sich am besten als «Trockengaren» oder «Kochen» bezeichnen lässt, findet in einem gusseisernen Wok statt, der traditionell über einem Holzfeuer erhitzt wird. Hierbei werden etwa 5 bis 8 Kilo des ausgekühlten/frischen Blattguts in den Wok gegeben. Der Garprozess des Blattguts findet unter ständigem Wenden per Hand statt, bis der Duft und die Beschaffenheit des Blattguts den Vorstellungen des Teekochs beziehungsweise des Teemeisters entsprechen. Unter genauer Überprüfung der Temperatur mittels eines IR-Thermometers wird das Blattgut während rund 20 bis 25 Minuten gewendet. Die Woktemperatur darf hierbei nicht über 250 °C steigen, und die Blätter sollten eine Temperatur zwischen 50 bis 70 °C haben.

Dieser Schritt erfordert sehr viel Fingerspitzengefühl vom Teekoch, der trotz hoher Temperatur das Blattgut langsam und vollständig durchmischen muss, wobei jedes Blatt in etwa gleich viel Hitze durch den Wok erfahren soll. Zudem muss beim Mischen darauf geachtet werden, dass das Blattgut nicht zu schnell an Feuchtigkeit verliert, da der spätere Tee sonst an Tiefe verlieren und «tot» wirken könnte. Bei dem gesamten Erhitzungsprozess muss die Temperatur, in traditionellen Produktionsstätten über dem Holzfeuer, konstant gehalten werden; entsprechend muss immer wieder Holz nachgelegt werden.

Gegen Ende der Behandlung wird das Feuer etwas runterbrennen gelassen, und die Blätter werden langsamer gewendet. Die Temperatur darf bei diesem Vorgang punktuell nicht zu hoch sein, da sonst Verbrennungsnoten entstünden. Stetig riecht der Teemeister am Blattgut und betrachtet die Teeblätter. Über den Duft der Blätter weiß der Teemeister, wann der Garprozess beendet werden muss, und dann lässt er das Blattgut aus dem Wok in einen flachen großen Bambuskorb geben, worauf die Blätter auf Bambusmatten zum Abkühlen ausgebreitet zu werden. Da es sich bei diesem Produktionsschritt um einen äußerst delikaten handelt, suchen sich erfahrene Teemeister wie Meister Yu ihre «Tee-Köche» selbst aus, um das besonders hochwertige Blattgut von diesen garen zu lassen. Fehler, die während des empfindlichen Garprozesses passieren, finden sich im späteren Aufguss wieder. So kann zum Beispiel ein blasser und trüber Aufguss ein Hinweis darauf sein, dass die Blätter zu stark gekocht wurden.

Rollen (Yiwu-Art)

Anschließend findet das Rollen und Trocknen der Blätter unter freiem Himmel statt.

Die abgekühlten Teeblätter werden vorsichtig mit den Händen aufgeschichtet und kreisförmig geknetet. Hierbei werden die Blätter immer wieder gelockert. Wenn die Blätter zunehmend feucht und weich werden, kann mehr Kraft angewendet werden, wobei das Blattgut zwischendurch immer wieder aufgelockert werden sollte. Anschließend werden die Teeblätter mit beiden Händen in Streifen gerollt und wieder auf flachen Bambuskörben sehr dünn verteilt. Tatsächlich verstehen sich erfahrene Pu'er-Kenner darauf, im späteren Fladen anhand der «Roll-Form» des Blatts zu erkennen, in welcher Yunnan-Region ein Pu'er-Tee produziert wurde. Auch bei diesem Schritt ist Fingerspitzengefühl gefragt, da bei zu starkem Rollen die Blattmembran so weit aufgebrochen wird, dass sich im späteren Aufguss viele Schwebstoffe befinden würden.

Sonnentrocknen und Sortieren

Das gerollte Blattgut wird nun in Bambuskörben (idealerweise) unter freiem Himmel getrocknet, und anschließend werden die reiferen, herberen Blätter aussortiert. Die größeren, herberen Blätter, die auch als «Huangpian» = «gelbes Blatt» bezeichnet werden, wurden früher von den Familien der Teebauern selber getrunken.

Heute ist das gesamte Blattgut von alten Teebäumen («Gushu») so gefragt, dass auch dieses Blattgut auf dem Markt noch einen verhältnismäßig hohen Preis erzielt.

Das Resultat des sortierten Blattguts vor dem Pressen nennt sich «Maocha» oder roher Pu'er und kann ebenfalls genossen werden. Für eine lange Lagerung ist Maocha jedoch nicht so gut geeignet wie gepresste Pu'er-Fladen.

[Beschleunigter Fermentationsprozess (bei Shou Pu'er)]
Shou

Für Shou wird der Maocha nun geschichtet und zwischen den Lagen mit Wasser befeuchtet. Bei den folgenden Fermenationsprozessen steigt die Temperatur im Innern der Blatt-Lagen. Das geschieht in einem Raum. Die Temperatur darf 65 °C nicht überschreiten, da sonst unschöne, verbrannte Geschmacksbilder entstünden. Einmal pro Woche wird der Feuchtigkeitsgehalt überprüft, es wird neu befeuchtet, und das Blattgut wird wieder vermischt beziehungsweise neu geschichtet, um eine gleichmäßige Temperaturverteilung zu gewährleisten. Die Fermentationsparameter müssen genau stimmen, wenn man hier ein Spitzenprodukt herstellen will. Um eine Oxidation von etwa 80 % zu erreichen, fermentiert das Blattgut rund 65 Tage lang. Shoucha wurde früher bis zu 100 % oxidiert, heute sind es nur noch bis circa 70–80 %, wodurch sich der Tee über die Jahre und Jahrzehnte weiterentwickeln kann und oxidationstechnisch nicht «tot» ist. Somit kann man die Shou-Produktion als aufwändiger oder gar kunstvoller beschreiben, da hier (gegenüber der Sheng-Pu'er-Produktion) ein Produktionsschritt hinzukommt.

Pressen

Da beim Pressen der Tee gedämpft wird und hierbei bestimmte grasige und herbe Noten entfernt werden, würde Meister Yu eher gepresste Tees / Teefladen anstelle von Maocha (Roh-Tee) für die Lagerung empfehlen. Der Pressvorgang findet in der Regel drei

Wochen nach Fertigstellung des Maocha statt. Je nach Bedarf kann es auch viel länger sein. Die Schritte beim Pressen lassen sich so beschreiben:

Zunächst wird der Maocha in Metallzylindern eingewogen, die am Boden ein Metallnetz haben. Anschließend folgt ein kurzer Dämpfschritt, indem der Zylinder auf eine Dampfdüse gestellt wird, die im Tisch integriert ist. Nun wird das gedämpfte Blattgut in einem Tuch zu Fladen geformt. Diese werden unter etwa 20 kg schwere Steinzylinder gelegt und durch Belasten mit dem eigenen Körpergewicht und durch Hüftkreisen gepresst. Hierbei ist wichtig, dass die Fladen fest und gleichmäßig gepresst werden, damit die spätere Lagerung auch tatsächlich zu einer Verbesserung des Pu'ers führt. Bevor Netz und Tuch entfernt werden, werden die Fladen auf Holzgittern getrocknet, um zu vermeiden, dass die Fladen auseinanderfallen. Daraufhin werden die von den Tüchern befreiten Pu'er-Fladen in einem Raum mit definierter Luftfeuchtigkeit und Temperatur gelagert, bis sie verpackt werden. Für Lagerung und Transport wurden früher sieben größere Fladen zu einem «Stapel» gepackt und in getrocknete Bambusblätter eingeschlagen. Aufgrund der massiven Preissteigerung der letzten Jahre werden heute nur noch fünf kleinere Fladen zu einem Stapel gebunden.

DIE LAGERUNG VON PU'ER

Niklas Anzböck

Als ich vor einigen Jahren erstmals regelmäßiger zu Shui Tang kam, stellte ich fest, dass bei der Ankunft der neuen Pu'er-Produktion von Yu regelrecht ein Ansturm auf die Fladen ausbrach. Ich staunte zu hören, dass gewisse Kunden sich bereits einen Stapel eines bestimmten Tees reserviert hatten, bevor dieser überhaupt angekommen war. Ich konnte nicht nachvollziehen, weshalb Leute bereit waren so große Mengen von einem Tee zu kaufen, für den sie doch mehrere Jahre benötigen würden, um ihn zu trinken. Dabei wusste ich damals noch nicht, dass es hier doch gerade die Absicht ist, Tee für die Lagerung zu kaufen.

Für die meisten Tee-Liebhaber ist nämlich die Lagerfähigkeit und das große Entwicklungspotenzial ein entscheidendes Merkmal, welches den Pu'er-Tee auszeichnet. Anders als zum Beispiel Grüntee wird Pu'er nicht unbedingt getrunken, wenn er ganz jung ist, sondern ihm wird nachgesagt, dass er sein volles Potenzial erst mit zunehmendem Alter entwickelt. Ähnlich wie beim Wein kaufen Sammler kiloweise Pu'er-Stapel mit der Intention, ihn zu lagern und erst einige Jahre später zu trinken. Dabei gilt meist: Je älter ein Tee, desto wertvoller wird er. Dies hat mehrere Gründe. Zum einen sind so alte Tees ein Zeitdokument der Vergangenheit, eine Rarität. Zum anderen werden vor allem in der chinesischen Kultur alte Dinge als besonders wertvoll angesehen.

Der Grund weshalb Pu'er sich durch Lagerung besonders stark entwickelt, liegt an der Produktion. Anders als beim Grüntee werden die im Blattgut enthaltenen Enzyme nicht sogleich erhitzt, und dadurch bleiben sie in höherer Konzentration erhalten.[14] Diese Enzyme sind je nach Luftfeuchtigkeit, Temperatur und den in der Luft enthaltenen Mikroorganismen für eine schnellere oder langsamere Postfermentation zuständig.

Für mich persönlich ist es besonders interessant, die Entwicklung des Tees parallel zu meiner eigenen Entwicklung zu verfolgen. Zu gewissen Tees entsteht eine Art von Beziehung, in der es Phasen gibt, in denen es schön harmoniert und man gerne und viel Zeit miteinander verbringt, neben Phasen, in denen man etwas Abstand braucht. So greife ich je nach Anlass, Wetter und Stimmung zu einem anderen Tee, der mich in dieser Situation gerade anspricht.

Wie verändert sich ein Tee durch jahrelange Lagerung?

Wenn die Luftfeuchtigkeit nicht zu tief ist, hat ein Pu'er-Tee das Potenzial, eine radikale Veränderung zu durchlaufen. Ein junger Pu'er weist viele Ähnlichkeiten mit einem Grüntee auf; der Aufguss ist hell, geschmacklich wild, pflanzlich, leicht herb. Als ich meinen ersten gelagerten Pu'er getrunken habe, war ich überrascht. Ein reifer Pu'er-Tee (nach 20 bis 30 Jahren) ist nicht wiederzuerkennen. Der Aufguss dunkel, ähnlich wie ein Rottee, der Geschmack süß, warm und mit einer einzigartig erdigen Note. Durch die Postfermentation verändert sich auch die Wirkung des Tees auf den Körper. Nun verstehe ich, warum Pu'er in China als Medizin angepriesen wird; dieser Tee wirkt wärmend, stärkend und auf mich beruhigend.

Da es nur eine beschränkte Menge an hochwertigen und sauber gelagerten Tees gibt, macht es vor allem für junge Liebhaber wie mich Sinn, jungen Tee zu kaufen und selber zu lagern. Doch bevor man viel Geld in eine Pu'er-Sammlung investiert, sollte man sich zuerst fragen, welchen Tee man überhaupt lagern möchte. Dabei gibt es keinen «richtigen» oder «falschen» Tee. Trotzdem lohnt es sich, einen Eindruck zu bekommen, welche Qualitäten ein Tee für eine langfristige Lagerung aufweisen soll, damit sich dieser schön entwickelt. Dieser Wissenserwerb kann durch das Lesen von Büchern oder in Online-Foren stattfinden, besser jedoch man findet einen Zugang zu einem vertrauenswürdigen Ort, wo man an Seminaren und Degustationen teilnehmen kann. Durch die persönliche Erfahrung, «Referenz-Tees» probieren zu können, und die Eigenschaften eines guten Tees selber erkennen zu können, bildet sich ein viel praktischeres und tieferes Verständnis als durch Lektüre. Durch diese persönliche Erfahrung lernt man zu verstehen, warum sich gewisse Tees besonders gut für eine langfristige Lagerung eignen als andere.

Je mehr theoretisches und praktisches Wissen ich über Pu'er erworben habe, desto größer wurde meine Wertschätzung und meine Freude am Sammeln und Trinken. Wenn man Freude daran hat, Tee zu lagern, ist man ein Stück weit auch ein Sammler. Die ursprüngliche Rolle eines Sammlers ist ein Kulturförderer, der gewisse Kenntnisse in Bildung und ein gutes Urteilsvermögen punkto Geschmacks besitzt und dadurch eine Kultur / eine alte Tradition / ein Handwerk weitervermittelt. Indem man einen gut produzierten Tee erwirbt und lagert, leistet man seinen persönlichen Kulturbeitrag am Fortbestand einer alten Tradition. Dieser Aspekt ist vielen Liebhabern nicht bewusst.

Bedeutet dies, man solle keine Fabriktees lagern? Natürlich ist es jedem selbst überlassen, welche Tees er schließlich lagern und trinken möchte. Ich bin dankbar dafür, bei Shui Tang und in Seminaren von Yu großartige Beispiele einer guten Lagerung probieren zu dürfen und dadurch ein Gefühl entwickeln zu können, worauf beim Kaufen und Trinken von Pu'er zu achten ist. Durch diese direkte Erfahrung und Beziehung habe ich selber eine Wertschätzung eines hochwertig produzierten und sauber gelagerten Tees entwickeln können. Dadurch habe ich auch das Vertrauen und Interesse entwickelt, um selber anzufangen, in Tee zu investieren.

Wie lagere ich meinen Tee am besten?

Yu sagt, dass «saubere, geruchsfreie, luftige und trockene Räume»[15] für die richtige Lagerung am wichtigsten sind. Sauber und geruchsfrei bedeutet, sicher vor potenziellem Ungeziefer und sicher vor starken Fremdgerüchen zu sein – also beispielsweise nicht in der Küche. Luftige Räume bedeutet, dass der Raum idealerweise regelmäßig gelüftet werden kann oder ausreichend Luftzirkulation herrscht. «Trocken» ist etwas komplizierter zu verstehen. Denn in Zürich ist das Klima von alleine um einiges trockener als beispielsweise in Taiwan[16]. Ohne die genauen klimatischen Einflüsse ganz zu verstehen, wird jeder feststellen können, dass derselbe Tee, der einige Jahre in Taiwan gelagert wurde, ganz anders schmeckt als nach einer Lagerung in Zürich. In Shui Tang haben wir das Glück, einige Beispiele solcher Lagerungsunterschiede degustieren zu können. Yu selbst benutzt klimatisierte Räume, um die Luftfeuchtigkeit in einem bestimmten Bereich (bei circa 55 %) zu halten. Seine Räume sind daher im Vergleich zur «natürlichen» Taiwan-Lagerung trocken, im Vergleich zu Zürich jedoch immer noch eher «feucht».

Welche Lagerung nun die bessere ist, darüber lässt sich streiten. Prinzipiell kann man sagen, dass eine Lagerung in warmem, feuchtem Klima zu einer schnelleren Reifung führt. Eine trockenere Lagerung hingegen scheint schonender zu sein, und der Tee behält länger den Charakter seines Terroirs.

Yu hat Menglin vor einigen Jahren anhand zweier Tees gezeigt, weshalb er eine trockene Lagerung bevorzugt. Sie schreibt dazu:

Der Tee aus der trockenen Lagerung war klar, präsent und aromatisch, während der Tee aus feuchter Lagerung schwer, trüb und typisch erdig schmeckte. Azhong und seine Kollegin waren in der Degustation begeistert von dieser feuchten Lagerung, denn dieser Tee war einfacher, markanter und typischer zu erkennen. Der Tee aus der trockenen Lagerung forderte unsere Sinne dazu heraus, ihn zu entdecken und ihn «anzufassen». Er war klar, deckte sich aber nicht mit der allgemein vorhandenen Vorstellung, wie ein Pu'er sein sollte. Sein Geschmack war so klar, dass man die Facetten schmecken könnte, wenn man sich ohne Vorbehalt an ihn herantastet. Dieser Tee hat uns mehr zu erzählen als sein Kollege, der in einem feuchten, warmen Raum gelagert wurde.[17]

Soll ich meinen Tee in einem bestimmten Gefäß lagern?

Nebst der Einhaltung dieser Grundprinzipien bietet sich noch ein großer Spielraum an möglichen Gefäßen zur Lagerung. Wer einen ganzen Stapel eines Tees kauft, lässt ihn am besten gleich im Bambus, da diese Verpackung bereits einen optimalen Schutz vor Geruch und Feuchtigkeit bietet, während sie den Tee trotzdem nicht komplett von der Luft abschirmt.[18] Dies ist ein wichtiger Aspekt, vor allem bei langfristiger Lagerung. Den Tee in einer verschweißten Tüte zu lassen, macht nur Sinn, wenn man den Tee innerhalb der nächsten ein bis zwei Jahre trinken möchte. Eine weitere Möglichkeit ist es, einen Fladen in Stücke zu brechen und in einer Dose zu lagern.

Shui Tang hat ein Experiment durchgeführt, bei dem derselbe Tee seit 2012 in verschieden Gefäßen gelagert wurde. Gelagert wurde der Pu'er Wuliangshan Gu Shu 2012 in einer Metalldose, einem Tongefäß (Steinzeug), in einer Alutüte, einer Kirschbaumrinden-Dose und in einer Porzellandose.

Mittlerweile wurden die Tees drei Mal degustiert. 2015, 2017 und 2020. Das Ergebnis?

Es scheint keinen klaren Gewinner zu geben. Das Experiment hat jedoch gezeigt, dass je nach Zweck und Intention der Lagerung ein bestimmtes Gefäß am besten passt. Die größte und schnellste Entwicklung scheint der Tee in der Kirschbaumrinden-Dose und im Tongefäß vollzogen zu haben. Wer einen großartigen Tee hat, der über viele Jahre schön reifen und sich entwickeln soll, wird mit diesen beiden Optionen am besten bedient sein.

Die Lagerung in Metall- oder Porzellandosen macht vermutlich für eine mittelfristige Lagerung unter fünf Jahren Sinn, oder wenn man nicht möchte, dass sich ein Tee stark verändern soll. Für die kurzfristige Lagerung kann man den Tee gut in der Tüte lassen, für eine längere Lagerung ist sie problematisch, vor allem wenn die verschweißt ist und keine frische Luft an den Tee kommt.

Für jene, die unbedingt eine klare Vorschrift brauchen, empfiehlt Yu Folgendes:

«Ich beabsichtige nicht, Tee in speziellen Gefäßen zu lagern. Jüngere Pu'er lagere ich gerne in Zisha-Gefäße (aus Yixing-Ton). Ältere Pu'er lagere ich gerne in glasierten Gefäßen – damit sich der Tee nicht weiter stark verändert.»[19]

Schließlich sollten wir uns immer wieder darin erinnern, dass wir nicht Tee trinken und sammeln, um unser Leben zu verkomplizieren. Nichts was hier erwähnt wird, soll als absolute oder einzige Wahrheit aufgefasst werden. Wer sich an gewisse Grundprinzipien hält, kann nicht viel falsch machen. Atong lagert seinen Tee in «Müllsäcken» (Plastiksäcke, die von Jute umgeben sind).[20] Yu lagert seine Lao-Ban-Zhang-Stapel in Kartonschachteln. Wer Freude daran hat, selber verschiedene Experimente mit der Lagerung durchzuführen, hat viele Möglichkeiten. Wer jedoch nicht viel Geld auszugeben vermag, kauft lieber mehr guten Tee, statt in eine teure Schachtel zu investieren.

Guten Tee zu trinken und zu lagern, erlaubt es mir, nicht nur meinen kulinarischen Horizont zu erweitern, sondern auch einen kleinen kulturellen Beitrag zu leisten durch die Bewahrung und Förderung eines uralten Handwerks und einer tiefreichenden Tradition.

PU'ER UND LINCANG

2007 wurde die Stadt Simao umbenannt zu Pu'er Stadt. Dieses Teeanbaugebiet ist sehr bekannt durch seine Modernisierung der Produktion. Das heißt, es handelt sich um stark ausgebauten Plantagen-Tee – Taidi Cha. Die bekanntesten Orte in Pu'er sind Jingmai, Wuliangshan und Bangwei.

Jingmai

Die Entstehungslegende von Jingmai erinnert an die Überlieferung von Karl dem Großen und dem Großmünster in Zürich. Beide Erzählungen haben die gleiche Schlüsselfigur: ein Tier, das den Prinzen oder eben den König zum richtigen Ort führt.

Es wird erzählt, daß der Prinz Zhaonuola (in der Dai-Sprache) sein Volk zu einem neuen Ort führen musste, weil das ursprüngliche Land die stark gewachsene Bevölkerung nicht mehr ernähren konnte. Er fuhr den Lancang-Fluss entlang abwärts, und viele seines Volkes ließen sich bei Lancang nieder. Er nannte den Ort Langzhangjiang (Millionen Elefanten) aufgrund einer großen Herde von Elefanten. Später hieß der Ort Lancang. Eines Tages jagte der Prinz nach einem Hirsch, der ihn immer weiterführte. Die Jagd entwickelte sich zu einer Reise von mehreren Tagen. Als der Hirsch plötzlich verschwand, befand sich die Jagdgruppe des Prinzen in einem Wald mit blühenden Wiesen und viel Sonnenschein. Der Prinz entschied sich, dort eine Siedlung aufzubauen, und an seine Nachkommen gab er weiter, dass ein Hirsch ihn nach Jingmai geführt hatte. Jingmai auf Dai bedeutet neue Stadt.

Jingmai hat seine größten hundertjährigen Teebäume in zwölf berühmten Teebergen. Der Wald liegt im Huimin-Distrikt, der zehn Bergdörfer umfasst und auf einer Höhe zwischen 1100 und 1600 Metern über dem Meeresspiegel liegt. In der gesamten Jingmai-

Jingmai

Bergregion leben Dai-, Bulang- und Hani-Völker zusammen. Dazu kommen einige wenige Han-Familien.

Im Bulang-Volk wird diese Geschichte über den Anfang des Tees überliefert: Der Stammesvater Pa-Ai-Leng warnte seine Kinder, Gold, Schmuck und Tiere seien vergänglich. Nur der Tee wachse so lange, wie sich der Himmel über die Erde wölbt. Der Tee sei der wahre Schatz seines Volkes. Ein Archäologe fand heraus, dass der Tee seinen Ursprung im Tal des Lancang-Flusses hat. Und die Vorfahren der Bulang, die «Pu», waren die ersten Menschen, die Teebäume anbauten. Möglicherweise war somit Pa-Ai-Leng der erste Charen, also der erste Teetrinker, in der Geschichte. Noch heute kann man den Tempel von Payangleng besuchen und dort vielleicht einen Hauch seiner Aura erschnuppern.

In Jingmai gibt es eine Symbiose-Pflanze zum Teebaum: Pangxiejiao (Krebsbeine). Diese Pflanze wächst nur in einer sehr reinen unverschmutzten Atmosphäre. Wegen übertriebener kommerzieller Werbung sind diese Pflanzen beinahe ausgerottet. Die Einheimischen trinken diesen Tee gerne gegen die innere Hitze und Unruhe als Beigabe zum Pu'er.

Während ich diesen Text schreibe, reise ich noch einmal in meiner Erinnerung nach Jingmai, das ich 2013 mit vielen Teefreunden besuchte und dort einen Wilde-Menschen-Fladen machte. So lernten wir nicht nur die Methode kennen, wie man einen Gushu Cha per Hand und nach dem Vorbild aus der Song-Dynastie macht, sondern wir bekamen auch ein Verständnis vom Glauben des Bulang-Volks, das jeden Frühling festlich in den Wald zieht, um den Geist des Teebaums anzurufen und um Schutz zu bitten. Die Bulang glauben, dass der Geist ihrer Vorfahren genau dort verweilt, in den Tiefen des Teewaldes.

In diesem Wald war der Gastgeber noch wie ein Gastgeber. Er trug ein Schwert auf seinem Rücken, ging vor unserer Gruppe her und führte uns zu seinen Bäumen. Während des mühseligen Sparziergangs aufgrund des steilen Hangs und der Hitze bereitete seine Gattin Snacks für unseren Rückkehr. Unser Führer verkörperte die Funktion eines Repräsentanten, während sie wie in alter Zeit die Rolle der Organisatorin und Macherin wahrnahm.

Wir produzierten den Tee tatsächlich noch wie zu alten Zeiten. Mit Händen oder mit Handschuhen rührten wir die Teeblätter in einem Gusseisenwok, der von Holz befeuert wurde. Anschließend wurden die Blätter von Hand geknetet und gerollt, am folgenden Tag wurden sie unter der Sonne auf der Terrasse getrocknet. Damals wusste ich nicht, dass diese Szene schon bald zur Geschichte gehören würde. Vier Jahren später trockneten die Menschen die Teeblätter dort nicht mehr selbstverständlich direkt unter der Sonne. Die Bauern spannten nun eine Plastikplane, um ihre Ernte vor Regen zu schützen und sich dadurch unnötige Arbeit zu ersparen.

Aber ich schätze den Sonnengeschmack eines Pu'ers, und ich bin dankbar, dass Yu es genauso zu schätzen weiß wie ich. Unser Bauer trocknet weiterhin unseren Pu'er ohne Plastikplane!

Degustationsnotiz Jingmai Gushu 2013:
Der Aufguss des Tees überzeugt mit seinem anhaltenden, sanften Körper. Er ist so seidenweich, dass man ihn nicht sofort als Pu'er erkennt. Blumig, nach tropischen Orchideen duftend und mit einem aromatischen Abgang, versetzt er uns in die Landschaft einer poetischen Sumi-e. Trotzdem zeigt er uns seine Kraft wie ein Ellbogen beim Nachklang. Die Adstringenz ist zwar nicht zu übersehen, wird durch die Reifung aber allmählich eher zu einer Eigenart als zu einem Makel.

Bangwei

Bangwei ist berühmt wegen eines Übergangsteebaums, der die Heimat des Tees in Yunnan nachweisen kann. Der Baum wächst auf 1900 Meter über dem Meeresspiegel. Es wurde in den Medien berichtet, dass dieser Baum am 28. 03. 2019 noch geerntet wurde. Insgesamt 29,7 kg frisches Pflückgut!

Außer dem berühmten Teebaum existieren noch ein paar große alte Bäume in und neben den Dörfern. Die meisten von ihnen sind älter als 500 Jahre oder der Umfang des Baumstamms beträgt um 20 Zentimeter. Man sagt, hat ein Teebaum einen

Stammumfang von 10 Zentimetern, ist er wohl über 100 Jahre alt. Dazu gehören über 2000 Bäume.

Bangwei liegt sehr abgelegen. Von Bangwei spricht man gerne als von Dancong Gushu Pu'er. Das heißt, Tee aus nur einem einzigen Teebaum. Es würde sich nur lohnen, wenn der Baum sehr alt ist und stark wächst. Und er muss auch noch gut schmecken!

Seit 2014 wird die Tee-Produktion in Bangwei anders organisiert. Ein individueller Produzent wie Yu hat kaum die Möglichkeit, seine Qualität in reinem Gushu-Niveau zu erhalten.

Degustationsnotiz Bangwei Dancong Gushu 2013:
Floral, leicht fruchtig und feine delikate Süße. Das Körpergefühl ist geprägt von einem angenehmen Zentriert-Sein und einem frischen Blick auf das jeweilige Geschehen.

Wuliangshan

Tang-Dynastie schrieb, Tee aus Yunnan «kommt aus Yinsheng Stadt Umgebung». Yinsheng liegt genau in Jingdong. Wuliangshan gehört dazu.

Wuliangshan ist bekannt durch einen Gongfu-Roman. Der Berg «Wuliang» bedeutet die unmessbare Größe. Das einheimische Yi-Volk lebt dort seit 57 Generationen und baute schon immer Tee an. Zwischen 1600 und 2200 Metern über dem Meeresspiegel findet man wildwachsende Teebäume, die einen großen Umfang haben und in Gruppen wachsen. Natürlich wachsen bereits moderne gezüchtete Pflanzen zwischen den Dörfern.

Yu erzählte mir, wie er 2004 zum ersten Mal den Tee in Wuliangshan entdeckte. Er sah viele ältere Männer enttäuscht am Wegrand hocken. Sie erzählten ihm, dass ihre wild gepflückten Teeblätter zu hässlich sind, um sie verkaufen zu können. Die meisten Händler wollten sie nicht. Er realisierte, dass die Blätter aus dem Naturschutzgebiet kamen und eigentlich nicht gepflückt werden dürfen. Aber das Yi-Volk lebt in einer anderen narrativen Kultur als wir. Sie vermitteln ihre Geschichte über den gemeinsamen

Ausflug im Frühling, während sie die Sagen ihrer Vorfahren beim Spazieren und Pflücken erzählen. Man erzählt von dem Baum, der schon immer dort wächst, dem Stein, der immer den Weg behindert, und dem Berg, der wie ein Jadegürtel aussieht. So wird die Geschichte weitergegeben und wieder erlebbar. Das Konzept von eines Nationalparks erlaubt dem Volk nicht mehr, zu jagen und zu pflücken. Aber sie wollen ihre Tradition weiterführen – in jedem Frühling den Weg gehen, auf dem ihre Vorfahren immer gegengen sind, Rituale abhalten und Tee pflücken. (Pu'er Daily berichtet, dass 63 407 wilde Teebäume in 50 Gruppierungen in Wuliangshan wachsen. Sie werden verstärkt überwacht, und Teehändler werden besser aufgeklärt.)

Yu kaufte den hässlichen Tee und ließ ihn pressen. Bis 2015 haben wir immer Tee aus diesem Wald gemacht, bis der alte Bauer nicht mehr mitmachte.

Degustationsnotiz Wuliangshan Yesheng Gushu 2004:
In der Nase riecht man feuchten rauchigen Tabak. Im Mund ist eine Mischung von Tabak, Rauch und Ahornsirup. Es erinnert einen an ein Lagerfeuer. Wuchtig, romantisch und wild.

Lincang

Die Anbaugebiete des Pu'ers in Lincang konzentrieren sich auf Cangyuan, Shuangjiang, Fengqing und Yunxian. Das bekannteste Gebiet ist das von von Gushu, es liegt an den Abhängen des Mengku Bangma-Daxueshan (3200 m. ü. M.) in Shuangjiang. Der bekannteste Ort ist Bingdao, dazu gehören fünf kleine Dörfer, die östlich und westlich des Daxueshan liegen. Somit wissen wir, dass die Region Mengku das wichtigste Pu'er-Gebiet ist.

Bingdao ist ein traditionelles Dai-Dorf. Der Name bedeutet, aus Bambus hergestelltes Tor zum Dorf. Das originale Dorf Bingdao hat den berühmtesten Pu'er aus Lincang, auch wenn die anderen vier Nachbardörfer ebenfalls dem Bingdao-Bezirk zugehören. Lincang verfügt zwar über viele alte Teebäume, hat aber nur den berühmten Bingdao Pu'er auf dem Markt. Warum? Weil der Bingdao Pu'er bereits ein Tribut-Tee für den Dai-Fürsten war. Vor 1904 war es ein reines Dai-Dorf. Schriftlich festgehalten ist, dass Menschen bereits seit der Ming-Dynastie (1485) dort Tee anbauten. Doch die mündliche Überlieferung der Teegeschichte setzt früher als die Ming-Dynastie ein.

Tee aus Bingdao ist sehr begehrt. Der «originale» Bingdao stammt nur aus dem Bingdao-Dorf mit seinen 52 Familien und knapp 2000 Gushu-Bäumen. Selbstverständlich wachsen im Dorf auch viele junge Teepflanzen, die manchmal dem Gushu-Pflückgut beigemischt werden. So richtig bekannt geworden ist dieses Dorf durch Koreaner, die hier unter den Teebäumen übernachteten. Diese Anekdote wurde mir von Yu erzählt, auf chinesischen Tee-Sites ist sie weniger bekannt. Seit 2004 wurde der Pu'er-Tee aus Bingdao bekannt, und sein süßer erfrischender Geschmack gefiel den Koreanern, die vor allem Grüntee trinken, sehr gut. Um sicher zu sein, dass man auch den tatsächlichen Tee von den ausgewählten Bäumen bekommt, übernachteten die koreanischen Käufer gleich unter den Bäumen. Anders wäre es auch sehr schwierig, die Qualität dieses Tee sicherzustellen.

Yu erzählte mir immer wieder, dass Xishuangbana von Touristen überlaufen sei. Aber die wirklichen Teeproduzenten sind rar. Wer würde so viel Zeit aufwenden, um auf das Blattgut zu warten, einen ausgezeichneten Teemaker mitzunehmen und darauf zu warten, bis der Tee gepresst, verpackt und verschickt werden kann? Ohne die Überwachung von jedem Schritt wäre es unmöglich, die Qualität zu garantieren.

Man kann sich vorstellen, wie schwer es ist, einen originalen Bingdao Gushu zu erwerben. Darum bezeichnen viele chinesische Teeliebhaber diesen Tee denn auch als «Märchen», und sie warnen vor Fälschungen dieses Tees. Bingdao-Tee ist heute so teuer wie Laobanzhang und Bo Hetang. Aber wie schmeckt er wirklich!?

Ich hatte das Glück, 300 Gramm des Bingdao Gushu 2006 von Yu zu erhalten. Damals produzierte er für einen Auftragsgeber eine Partie Bingdao Gushu. Der Auftragsgeber fragte ihn aus einer Unsicherheit heraus, die nicht verkehrt war, aber in diesem Fall nicht angemessen, ob sein Bingdao denn der echte Gushu sei. Yu wurde wütend und lehnte es ab, dem Kunden seinen Bingdao zu verkaufen. Als ich ihn fragte, ob ich den Bingdao kaufen konnte, schenkte er mir 300 Gramm und lehnte es ab, an mich zu verkaufen.

Degustationsnotiz Bingdao Gushu 2006:
Wie durch Kandiszucker im Mund fühlt man sich bestärkt.
Süß, floral und mit einer leicht fruchtigen Note, die auf der Zunge fröhlich tanzt.

Xigui

Der zweite bekannte Pu'er-Tee aus Lincang kommt aus Xigui. Xigui liegt östlich von Bangdong Daxueshan. Es heißt auch Manglu Berg. Daxueshan, diese Bezeichnung für «großer Schneeberg» gibt es gleich an drei Orten in Lincang. Darum kommen häufig Verwechslungen vor. Bingdao liegt am Mengku Daxueshan (oder Bangma Daxueshan). Xigui liegt beim Bangdong Daxueshan. Und ein anderes Anbaugebiet von Pu'er, das von Mangfei, liegt beim Yongde Daxueshan.

Am Ende der Qing-Dynastie und zum Anfang der Republik wurde dokumentiert, dass rund sechs- bis siebentausend Familien in dieser Gegend vom Tee lebten. Manglu Tee (der heutige Xigui) wird besonders hervorgehoben. Seine Beschreibung gilt als das früheste Dokument über Tee aus Xigui.

Das Alter der Teebäume liegt zwischen 100 und 200 Jahren. Selten sind die Bäume hier älter. Die meisten wachsen auf einer Höhe von 750 Metern über dem Meeresspiegel. Es wird zwei Mal geerntet: im Frühling und im Herbst. Die Teepflanzen werden nicht geschnitten oder niedrig gehalten. Dadurch dass nur zwei Mal pro Jahr geerntet wird, haben die Teepflanzen die Möglichkeit, sich zu erholen. Der Boden ist rötlich. Der Tee wird oft als «Banzhang aus Lincang» bezeichnet. Seit 1970 werden 100 Kilogramm des besten Xigui-Tee für den Präsidenten der Provinz produziert, der seinen Gästen den Tee als Empfangsgetränk anbietet. Streng genommen, kann es vom wirklichen Xigui Gushu im Frühling nicht mehr als 2000 kg geben, und vom Herbst-Tee nur zwei Drittel dieser Menge. «Die Händler werden zwar versuchen, den Preis in einem vernünftigen Rahmen zu halten, damit die Marge funktioniert. Aber die Touristen spielen hier als Störfaktor mit, da sie die Qualität nicht beurteilen können und den Preis nach oben treiben», erzählt ein Teehändler aus Beijing.

Wie schmeckt der Tee von Xigui? Ähnelt er tatsächlich dem Xigui-Tee aus Banzhang? Manche chinesischen Teeliebhaber kritisieren, dass man heute in Xigui den Tee mit Gas- oder Elektroöfen erhitzt wie Grüntee, wodurch dieser Tee eher wie ein grüner Tee schmecke statt wie Pu'er. Und durch diese Art der Feuerung wird der Tee angenehmer zu trinken als ein Grüntee, ist aber nicht mehr für die Lagerung geeignet. Vermutlich werden viele Inhaltsstoffe, die für die Lagerung wichtig sein können, durch diese Herstellungsmethode zerstört. Lincang ist zwar das bedeutendste Anbaugebiet von Pu'er von Yunnan, doch mit seinen Preisen kann die Gegend nicht mit den Tees von Menghai oder Yiwu mithalten, auch wenn auf politischer Ebene viel Promotion und Kampagnen zur Vermarktung geschehen. Der Grund liegt wohl darin, dass hier von der traditionellen Machart abgewichen wird.

Sehr wahrscheinlich existiert das Problem nicht nur in Xigui.

Viele neue Methoden von neuen Tee-Produzenten, die darauf abzielen, den Pu'er populär zu machen und unter viele Leuten zu bringen, um möglichst wenig Kapital zu binden, versuchen den Tee stark welken zu lassen und bei niedrigeren Temperaturen zu erhitzen, um den Geschmack lieblicher zu machen. Dadurch lässt sich auch mit Pflückgut von Plantagen ein Gushu-Tee vortäuschen. Vielenorts werden diese Tees auch nicht mehr unter der Sonne getrocknet. Wie entwickelt sich ein solcher Tee durch die Lagerung?

Degustationsnotitz Xigui Gushu 2013:
Feine leichte süße Spuren wie Heublumen. Pflanzlich grün.

Daxueshan

An den Hängen des Daxueshan wächst der Tee für eine weltberühmte Yesheng-Gushu-Gruppe auf einer Höhe zwischen 2200 und 2750 Metern über dem Meeresspiegel. Das ist die höchstgelegene und dichteststehende Gruppe von Teebäumen weltweit.

Diese Teepflanzen sind Camellia taliensis. Sie gehören zu Sect. Thea (L.) Dyer. Sie verfügen über sämtliche biologischen Merkmale und Stoffe wie Camellia Sinensis. Ihre genetische Information ist anders, und sie haben aufgrund ihrer hohen Lage eine starke Resistenz gegen Kälte und Stress. Das typische Merkmal ist, dass die Knospe im Frühling stark und markant ausgebildet wird. In Daxueshan bezeichnen die Einheimischen diese Art als «Baohong».

Seit 2018 lässt Yu Tee in Daxueshan produzieren. 2019 und 2020 hatte man dort eine Dürre, und das veränderte den Geschmack des Tees. Wir werden diese Eigenart anhand der Degustationsnotiz feststellen.

Degustationsnotitz Daxueshan Yesheng Gushu 2020:
In der Nase duftet der Tee nach frischem Wind aus dem Wald: frisch, floral, nach Nadelbäumen duftend. Je nach Jahrgang schmeckt man neben den erwähnten Facetten eine herbe Note, die einen zur Meditation bewegt. Wenn man ihn sanft zubereitet, zeigt er uns einen aromatischen Aufguss wie eine Wanderung durch eine Berglandschaft im Frühling, wo Krokus blüht und Moore sich gemütlich ausbreiten und die Nadelbäume ganz gerade in den Himmel wachsen. Ein utopischer Ort, an dem man Energie tanken kann! «Der Aufguss gleicht einem Ruf, der uns einlädt, tiefer in die Natur einzutauchen, aus unserer künstlichen Komfortzone auszubrechen. Tritt eine ungewöhnliche Reise an, wie Theseus, werde eins mit dir selbst!»

ZHANGLANG UND MANNUO

Zhanglang bedeutet «Ort, an dem Elefanten erfroren sind». In der Region von Bada hat Zhanglang die besterhaltenen Teegärten mit alten Gushu-Teebäumen. Hier wachsen noch viele Teepflanzen, die nicht Camellia sinensis oder Camellia assamica sind, sondern Camellia taliensis.

1330 Meter über dem Meeresspiegel gelegen, liegt die durchschnittliche Temperatur hier bei 21,5 Grad und die Geschichte des Namens reicht 1400 Jahre zurück. Damals brachte ein frommer Buddhist vom Volk der Bulang 布朗族 große Menge von Sutren, die auf dem Rücken von Elefanten transportiert wurden. Als die Expedition im Bergdorf eintraf, waren die Elefanten erfroren und konnten nicht weitergehen. Dort, wo Elefanten liegen blieben, wurde ein Tempel errichtet als Dank an das Opfer, das die Elefanten gebracht hatten.

Unsere Reisegesellschaft begegnete dort einem ehrwürdigen Meister. Wenn man wollte, wurde man von ihm gesegnet. Für viele aus Europa ist es ungewöhnlich, dass man bei einer solchen Gelegenheit mit einer Hand ganz unauffällig Geld in einen Korb legt und zugleich die andere Hand ausstreckt, um den Segen zu empfangen. Der unscheinbare, ruhige Meister flüsterte mir zu: «Auch wenn man nichts gibt, kann man den Segen empfangen.» Ich nickte mit dem Kopf und sagte genauso leise zu ihm: «Meister, diese Menschen geben gerne. Es ist für sie nur nicht alltäglich.»

Es ist für Menschen aus Europa nicht alltäglich, steile Treppen hochzusteigen, um einem Meister zu begegnen. Nicht alltäglich, barfuß über einen Hof zu schreiten, um einem Meister zu begegnen. Und es ist für sie nicht alltäglich, zuerst etwas zu geben, bevor man etwas erhält.

Als meine Schwester in Taiwan meine Schnüre ums Handgelenk voller Knoten sah, die ich vom Meister erhalten hatte, rief sie: «Oh, das sind sehr schwer zu knüpfende Knoten. Man darf sie nicht aufschneiden, man darf nichts tun, bis die Knoten sich von alleine vollständig auflösen.» Ich erinnerte mich an den Segen des Meisters: «Gute Gesundheit.» Er wünschte mir gute Gesundheit statt viel Geld. Er schlang mir die Bänder um die Handgelenke und verschloss sie mit einem Ausatmen. Dadurch wird ein Band geknüpft, etwas wird geschlossen, und danach ist es beschlossen.

Darauf folgte die Einladung zu Xiaojiang. Er kam mit zwei seiner Prinzessinnen. Pink und hübsch angezogen, hüpften die beiden Mädchen um uns herum. Wir wurden zu seinem Haus geführt, ein Haus noch in seiner ganzen traditionellen Pracht, in althergebrachter Dunkelheit und mit einem Ruch von Ungewissheit. Das Haus ruhte auf ein paar hölzernen Pfählen. Vom Dachstock flogen Bienen, während im Hof die Hühner über den Boden hüpften. Wir mussten den Kopf senken, um Xiaojiangs Haus zu betreten, als ob wir hätten Demut üben dürfen, um etwas zu erhalten.

Und tatsächlich erwartete uns etwas überaus Wertvolles. In meinem Herzen weinte es schon. Vor mir befand sich ein dunkler großer Raum aus Bambus und Holz, unter uns zankten die Hühner miteinander, und Schweine äugten zu uns hoch. Eine orangefarbige Glühbirne spendete uns mit all ihrer Kraft Licht, damit wir das Festmahl wahrnehmen konnten! Vier junge Männer sagten, sie hätten diese Mahlzeit zusammen für uns zubereitet. Ein Festmahl für unbekannte Fremde, die man wohl nie mehr wiedersehen wird!

Unsere Reisegruppe wurde mehrmals von Teebauern eingeladen. Ich habe mich immer wieder gefragt, ob auch mal das Umgekehrte passieren wird. Werden diese Teebauern eines Tages, falls sie bei Gelegenheit in die Schweiz oder nach Deutschland kommen, ebenso bewirtet werden, mit so viel Liebe und in solch einem Ausmaß von Intimität?

Ich weiß, das wird nicht geschehen.

Sich auf diese Weise vor anderen preiszugeben und Intimität zu zeigen, zeugt von einem hohen Mass an Verletzlichkeit. Wir blickten in das Leben einer Familie von Teebauern, vorgeführt vor unseren Augen. Ein unglaubliches Geschenk. Weshalb seid ihr so großzügig? Was können wir auf diese Großzügigkeit erwidern?

Auf einmal schämte ich mich. Ein leises Gefühl von Melancholie trieb mich auf die Terrasse. Philipp stand auch dort. Wir bewunderten den blauen und weiten Himmel. Dann spazierten wir zu den alten Bäumen, während wir unterwegs vielen Teebüschen begegneten, die gestutzt worden waren. Sie wirkten wie moderne Apfelbäume, die so niedrig gezüchtet werden, um die Produktion zu steigern und zu erleichtern. Das geschieht ebenfalls mit den Teebüschen.

Der Tee war würzig. So würzig wie das Dorf. Yu gab uns zwei Tees zu probierten, um zu sehen, ob wir den Unterschied zwischen einem gesunden Gushu und einem «geköpften» Gushu erkennen konnten. Der Unterschied zwischen dem gestutzten Gushu und dem natürlich wachsenden Gushu ist markant! Ich spüre eine dickflüssige Tiefe auf meiner Zunge, während es bei den anderen flach und leer wirkt. Der würzige Geschmack des Tees wirkte gesprächig auf meiner Zunge, während sich meine Finger an dem heißen Gaiwan verbrannten.

Meine Gruppe war begeistert von dem Tee und fragte mich, warum wir nicht Fladen aus Zhanglang kaufen wollten. Yu antwortete knapp, sein privater Teemaker möge nicht hierherkommen. Er hat kein Vertrauen in das Handwerk von Xiaojian. Der Tee von hier sei manchmal gut und manchmal enttäuschend. Das bedeutet eher, dass der Produzent hier es nicht beherrscht, eine gute stabile Qualität zu erzeugen.

«Was ist das?», Miguel zeigte mit seinem Finger auf einen Baum, an dem wir auf einem Bergweg vorbeispazierten. Ich hatte es schon von Weitem erkannt und hatte es die ganze Zeit vermieden, meinen Blick darauf zu richten. Nun spürte ich einen kalten Windhauch, mein Rücken zog sich zusammen. Ein dunkler, kalter Wind. «Wir beerdigen dort unsere Verwandten.» Xiaojian deutete auf den Hang, der mit einer bunten Fahne geschmückt war. Ich sah die Särge neben dem Speicher hängen. «Ach so.»

In jener Nacht schlief ich unruhig. Gegen zwei Uhr riss mich ein Geräusch aus dem Schlaf. Auf einmal wurde ich hellwach. Es war dunkel und kalt. Schwere Gefühle überwältigten mich, als ob ich eine der Seelen gewesen wäre, die dort am Berghang zurückgelassen worden waren. Bin ich dem «Ich» begegnet, jenem «Ich», das sich zurückgelassen und verlassen fühlt? Das «Ich», welches das irdische Dasein nicht loslassen kann? Ich dachte an das dunkle ruhige Gesicht des Meisters und berührte die Knoten, die an meinem Handgelenk hingen. Auf einer Reise geschehen Dinge, die manchmal zurückgedrängt und verharmlost worden sind. In jedem Menschen verbirgt sich eine Seite, die Trost und Segen sucht.

Manchmal muss man mit der Dunkelheit alleine fertigwerden. Oft muss man allein den langen ungewissen Weg gehen. Die Verbindung zwischen Menschen bleibt, auch wenn der Körper hinfällig ist. Der Segen des Meisters lag in der Luft. Gute Gesundheit, ich umarmte das «Ich».

Zhanglang strebt derzeit nach einem touristischen Erfolg. Man kann das Dorf problemlos erreichen. Möge das Dorf reich und glücklich werden, und die Gushu mögen unberührt von der Menge der Besucher bleiben.

Degustationsnotiz Zhanglang Gushu 2016:
In den ersten beiden Aufgüssen zeigte dieser Tee nicht viel von sich. Man bemerkte nur die Alterung. Beim dritten Aufguss tauchte er auf, und der Tee verwandelt sich in einen Weiler im Wald. Man schmeckt trockenes Laub, feuchte Hölzer und leichte mineralische Noten. Er ist herb, aber charmant und zugänglich. Ein angenehmer Aufguss mit einem süßen Abgang, nachdem die Herbe schwindet.

Mannuo

Mannuo 曼糯 liegt in Menghai am nördlichsten, es ist der alte Verkehrsknotenpunkt auf dem Weg von Menghai nach Lincang. Aufgrund seiner geographischen Vorteile genoss Mannuo einige besondere Momente seiner Geschichte, und sein Tee bekam einen guten Ruf. Die gute alte Zeit ging zu Ende, seitdem der moderne Verkehrsweg nicht mehr am Mannuo-Berg vorbeiführt. Die einst reiche Region zerfällt. In den 60er-Jahren im letzten Jahrhundert wurden viele alte Teebäume abgeholzt aufgrund politischer Entscheidungen, und der Anbau von Nahrungsmittel wurde bevorzugt. Durch diese Zerstörung ist die natürliche Atmosphäre für die Teepflanzen verändert, und es fehlt an Biodiversität.

Es sind drei Dörfer (Dazhai, Shangzhai und Zhongzhai), die hauptsächlich noch über alte Teebäume verfügen. Sie liegen zwischen 1200 und 1300 Metern über dem Meeresspiegel.

Degustationsnotiz Mannuo Gushu 2016:
Eine herbe Note ist sehr präsent. Danach kehrt ein süßes Echo zurück. Breit und tief. Ein Ruf aus purer Wildnis, Duft, Frische und Erde.

BULANGSHAN

Bulangshan liegt südlich von Menghai in der Nähe der Grenze zu Myanmar. Diese Gegend ist schon sehr lange ein wichtiges Teeanbaugebiet. Bu Lan Shan gehört zu den sechs alten Teebergen «außerhalb des Flusses». Damit gemeint ist der Fluss Lan Cang, der Oberlauf des Mekong, der nordöstlich verläuft und das Gebiet teilt.

Der Name Bulangshan bedeutet eigentlich Berge der Bulang und bezieht sich auf eine Volksgruppe, die dort auch heute noch den Großteil der Bevölkerung ausmacht, die schon sehr lange Tee kultiviert und über hohes handwerkliches Können verfügt. Da es sich um ein größeres Gebiet handelt, gibt es hier verschiedene berühmte Tees, die die Namen der jeweiligen Dörfer tragen. Wir haben auf unserer Reise drei davon besucht: Hekai, Ban Pen (1700 m ü. M.) und Laobanzhang (1600 bis 1900 m ü. M.). Diese Dörfer waren bisher eher schlecht ans Verkehrsnetz angebunden. Bei unserem letzten Besuch 2013 gab es schon eine Schotterpiste, auf der wir immerhin mit Geländewagen bis nach Laobanzhang gelangen konnten. Seit 2017 ist die Straße gepflastert, und man gelangt vergleichsweise bequem mit dem Bus nach oben. Diese Entwicklung ist der großen Nachfrage für diese Tees geschuldet, hat aber nicht nur positive Auswirkungen. Ganz abgesehen von zahlreichen Fälschungen am Markt, werden auch einige Teegärten des Bulangshan strapaziert und zu oft geerntet. So haben wir leider einige gestresste Bäume gesehen, die schon im Frühling Früchte trugen.

Die Tees der verschiedenen Dörfer unterscheiden sich durch die Bodenbeschaffenheit, die Umgebung, die Höhe des Anbaugebiets und durch verschiedene Baumsorten.

Banpen

Zuerst möchte ich das Dorf Banpen beschreiben. Das Dorf wird bewohnt vom Lagu-Volk, das verstreut über die südasiatische

Laobanzhang

Halbinsel und in China lebt. Es wird erzählt, dass die Vorfahren der Lagu einst Nomaden waren und eines Tages einem Hirsch folgten, den sie jagten und mit dem sie nach Süden wanderten. Sie trinken gerne gerösteten Tee. Die Teeblätter werden in einem Steinzeug-Gefäß über dem Feuer geröstet und anschließend mit heißem Wasser aufgegossen. Den ersten Aufguss trinkt der Gastgeber, um seinen Gästen zu zeigen, dass der Tee nicht giftig ist. Die Gäste trinken erst ab dem zweiten Aufguss. Bevor die Aini aus Pasha hierherkamen, war bereits der Banpen hier.

> *Degustationsnotiz Ban Pen Gushu 2015:*
> *Dieser Pu'er-Tee aus dem Bergdorf Ban Pen offenbart in der Nase eine leicht florale Note und eine Mischung herber Süße. Er erinnert an eine Mondnacht auf einem Berggipfel unter einer Kiefer. Die Aromen des Aufgusses vereinen sich im Gaumen zu einem leichten, hellen, fruchtigen Geschmack. Der Tee hat einen klärenden, meditativen Charakter.*

Laobanzhang

Das berühmteste und am höchsten gelegene Dorf von Bulangshan ist Laobanzhang. Hier sehen wir sehr alte Teebäume, darunter auch den König und die Königin, die etwas um die 800 Jahre alt sind. Es wird erzählt, daß das Bulang-Volk im 3. Jahrhundert hierherkam und seitdem in dieser Bergregion lebt. Um 1476 wanderten Aini (eine Sektion des Hani-Volks) ein und baten um ein Stück Land, um ein eigenes Dorf aufzubauen. Das Bulang-Volk im Dorf Laomane gab ihnen großzügig das Land von Laobanzhang. Aus Dankbarkeit überreichen die Aini dem Dorf Laomane jährlich Getreide und Tiere, und dieser Brauch wurde bis in die 90er-Jahre des 20. Jahrhunderts hinein hochgehalten. 1950 zog ein Teil der Bewohner aufgrund des starken Bevölkerungswachstums nach Xin Banzhang (Neu-Banzhang), das 20 Kilometer weit entfernt liegt.

Banzhang bedeutet in der Sprache der Dai «ein Fisch». 1954 beendeten die Aini offiziell die Tradition des Häuptlings und die

Praxis des Schamanismus. 1992 kam die Elektrizität. 2002 wurde eine einfache Strasse gebaut, und der Tee von Laobanzhang gelangte dadurch in das Blickfeld der internationalen Teeliebhaber.

Die Aini werden auch als «Pasha-Ren» bezeichnet, sie sind seit der Tang-Dynastie in Menghai. Ein Teil von ihnen wanderte vom Pasha-Berg hierher, sodass in Laobanzhang viele Bäume der Sorte Pasha wachsen. Auf die berühmte Sorte Banzhang 13 Chai ist man hier stolz, ihr zu Ehren wurde ein Gedenkstein errichtet. Auf dem Stein steht der Name Banzhang 13 Chai. Dieser Name ist entstanden aus einer Heirat zwischen Aini aus unterschiedlichen Dörfern. Die eingeheiratete Braut brachte Teesamen aus ihrer Heimat mit. Aus jenen Samen haben sich lediglich 13 Teepflanzen entwickelt. So bekam der Tee aus diesen Pflanzen seinen Namen.

Degustationsnotizen

Laobanzhang Gushu Blend 2013:
Dieser Tee wurde vor 2015 noch produziert. Seit 2015 werden die Laobanzhang Gushu separat geerntet: 13 Chai, Pasha und Liuyemei. Der Tee aus dem Dorf Laobanzhang ist geprägt von einem herben und zugleich nachsüßenden Charakter. Die herbe Nuance ist jedoch nicht bitter. Dieser Charakterzug wird häufig in Fälschungen dieses inzwischen teuersten Pu'er-Yunnans nachgeahmt. Die Wirkung des Tees erinnert an das Bild eines Bogenschützen: Visieren, im richtigen Moment den Pfeil loslassen, um das Ziel genau zu treffen! Ein Tee für Menschen, die ihr Ziel nicht verfehlen wollen und einen charaktervollen Tee in seiner Tiefe genießen möchten.

Laobanzhang 13 Chai Gushu 2016:
Eine Mischung aus holzig-herber Note und noch ungeöffneter Bergblüte. Man spürt den prächtigen Berg und ineinander verwobene Wurzeln. Der Körper fühlt sich konzentriert und gestärkt. Wie ein Bogenschütze – bodenständig und weitblickend.

Laobanzhang Pasha Gushu 2017:
Feine florale Note in der Nase. Sind es Orchideen? 1. Aufguss

schmeckt nach frischem Nektar in Blüte. Mild und erfreulich. Bei dem 2. Aufguss zeigt der Tee mehr eine herbe Seite, auch wenn er immer noch wohltuend und erhellend schmeckt. Die Textur ist im Vergleich zum 13 Chai weniger prächtig und konzentrierend, eher sanft und fließend.

Laobanzhang Liuyemei Gushu 2018:
Wenn man nach 2019 noch Laobanzhang Gushu kaufen möchte, so sollte man sich wohl an den Liuyemei halten. Der steigende Preis von Laobanzhang führt dazu, dass die Bauern Xiaoshu und Gushu zusammen ernten und zu einem Fladen pressen. Beim Liuyemei ist es so, dass ihm dank seiner geringeren Popularität nichts anderes beigemischt wird und aus ihm nur selten junge Setzlinge gezogen werden. Darum ist es noch möglich, von dieser Sorte reine Gushu-Fladen zu erwerben.
Liuyemei bedeutet Augenbraue in der Form eines Weidenblattes. Eine feminine Bezeichnung. Dieser Tee schmeckt nach einem Hauch von Schönheit, elegant, sanftmütig und würdevoll. Er duftet nach leicht geöffneter Blüte und hat einen unaufdringlichen Aufguss mit Tiefe. Er wirkt weniger konzentrierend, aber zugänglicher. Ein untypischer Laobanzhang mit erfreulicher Überraschung!

Laomane

Im Dorf Laomane (1600 Meter ü. M.) wächst eine spezielle Varietät Camellia assamica var.: Kucha gemischt mit Camellia assamica. Die Einheimischen nennen ihn «bitterer Tee». Chemisch gesehen hat der Kucha den besonderen Wirkstoff Theacrine, der gegen Depression wirkt. Der Stoff ist beruhigend, entzündungshemmend und schmerzlindernd.

Laomane ist das älteste Dorf der Bulang in Menghai, blickt auf mindestens 1300 Jahre Geschichte zurück. Das Dorf ist umstanden von alten Teebäumen, und inzwischen wird hier auch viel «Shengtai – Biosphären-Tee» auf Terrassen angebaut. Eigentlich handelt es sich um «Taidi-Cha». Dieser Anbau gehört zum offiziellen

Laomane

Plan von «Tuopin» – Ausstieg aus der Armut. Der Anbau von Terrassen-Tee soll Reichtum bringen – hoffte die Regierung. Die hier angebauten neuen Teepflanzen sind «süß» und unterscheiden sich dadurch von der Gushu-Sorte.

Warum wird der bittere Kucha-Tee vom chinesischen Teeliebhaber hochgeschätzt? Dem Geschmack «Bitter» kommt in der chinesischen Kultur eine besondere Stellung zu, er gehört zum Geschmack von «Erwachsen», «Medizinisch» oder «Essentiell». Darum wird der «bittere» Geschmack von Bulangshan, insbesondere des Laomane, geehrt und gelagert.

Bevor man hier die Einzigartigkeit des Laomane-Tees erfasst hatte, stand dieser Tee lange Zeit im Schatten von Laobanzhang. Aus seiner Ernte wurden sogar Fälschungen von Laobanzhang hergestellt. Dazu mischte man dem Laomane süße und bittere Sorten von Teepflanzen bei, die verstreut im Mischwald wachsen. Die süßen Teepflanzen waren wohl nicht von der Varietät Kucha, sondern Assamica. Man mischte die zwei Sorten nach einer Formel, und dadurch konnten durchschnittliche Konsumenten nicht mehr erkennen, ob der Tee nicht doch von Laobanzhang kommt.

Die Tees aus Bu Lang Shan schmecken zunächst kräftig und herb, man sollte aber unbedingt auf den beeindruckenden Nachklang achten, der beim Laobanzhang besonders lang und facettenreich ist, mit einem äußerst süßen Echo.

Degustationsnotiz Laomane Gushu 2019:
Dieser spezielle Laomane ist von ausgesuchten Teebäumen hergestellt, welche die unverwechselbaren Aromen von Karamell und Rahm aufweisen. In den ersten drei Aufgüssen duftet der Tee nach frischem Wald und Wiesen, während er im Mund neben dem bitteren Geschmack interessanterweise nach Karamell und Nougat schmeckt. In den weiteren Aufgüssen treten die süßen Noten in den Vordergrund. Es erinnert uns an einen späten frisch verregneten Nachmittag, im Gespräch mit seelennahen Menschen. Erheiterung, zurückkehrende Ruhe und Funken aus der Zukunft schwingen in der Atmosphäre. Ein Tee für den sofortigen Genuss wie auch für eine weitere Lagerung.

Zhangjiasandui

Zhangjiasandui (1100 Meter ü. M.) wird auch als Xiao Banzhang bezeichnet (kleines Banzhang). Die Lage ist berühmt für ihren Taidi-Tee, niedrige Teebüsche, die wie bei Oolong und grünem Tee klein gehalten werden. Die Pflanzen sind nicht älter als 40 Jahre. Aber sie wurden noch mehrheitlich aus Samen gezogen. Aufgrund einer sehr intakt gehaltenen Atmosphäre – das Handy hat hier zum Beispiel kaum Empfang – ist der Preis entsprechend hoch. Der Geschmack ist mindestens so gut wie der eines Xiaoshu in Laobanzhang, während sein Preis viel günstiger ist. «Zhangjia» auf Thai bedeutet Balkon-Schreiner. Also handelt es sich um ein Dorf von Handwerkern. San Dui ist eine Bezeichnung für Bruder. Häufig sind die Dörfer verwandt, und sie teilen sich denselben Entstehungsmythos. Der älteste Bruder ist Yi-Dui, der zweite Bruder Er-Dui und der dritte Bruder San-Dui. Brüder sind Mitstreiter und Konkurrenten, zugleich helfen sie sich und halten zusammen. Zhangjiasandui ist wohl das Dorf eines dritten Bruders der Balkon-Scheiner.

Degustationsnotiz Zhangjiasandui Lao Taidi 2018:
Der Tee hat einen guten Körper, eine erhellend florale Nuance, leicht herbe Note. Nach dem adstringierenden Effekt bleibt nur eine lange Süße aus den Bergen im Mund. Man bekommt den Eindruck, als ob man eine gelungene Arbeit geleistet hätte – auch die Anstrengung macht Sinn, und danach folgt die Freude, das Süße zu genießen.

Bulangshan

Dieser Tee ist für mich etwas Besonderes, weil ich ihn mit Tim zusammen getrunken habe. Tim fand als 15-jähriger Junge zu mir und fing in Shui Tang mit seinem Teeweg an. Einmal erzählte er mir, dass dieser Bulangshan ein Sad-Boy-Tee sei. Was ist ein Sad Boy? Er antwortete, das seien Boys mit einer Vorliebe für Ästhetik.

Sie haben einen Hang zur Traurigkeit. Sie lieben einsame, manchmal dunkle Landschaften wie vermooste Wälder. Er sagte, Sad Boys liebten ästhetische Dinge, weil diese sie heilten. Nur sehr ästhetische Dinge machten einen wirklich wieder glücklich. Der Bulangshan sei so ein ästhetischer Tee.

Degustationsnotiz Bulangshan Guangbie Gushu 2014:
Er schmeckt nach Kräutern, duftet nach Bergwiesen und ist so rein wie das Wasser eines Bergbachs. Man hat das Bild einer Berglandschaft wie einen Arvenwald in Graubünden vor Augen. Doch am Himmel flirrt das Nordlicht.

YIWU: TIANMENSHAN, CHAWANGSHU UND GUOYOULIN

Yiwu trägt einen Namen, der die Fantasie beflügelt. Wörtlich übersetzt bedeutet der Ortsname «Wo die hübsche weibliche Schlange lebt».

Die durchschnittliche jährliche Temperatur liegt hier bei 17,2 Grad, der durchschnittliche Niederschlag bei 1500 mm bis 1900 mm im Jahr. Ein idealer Ort für Teepflanzen. Dazu kommt noch die natürliche Mischkultur, dass Teebäumen hier neben vielen starken tropischen Bäumen wachsen. Das Licht strahlt nicht direkt auf die Pflanzen, sodaß eine besondere Atmosphäre und ein besonderes Mikroklima entstehen können, was sich günstig auf die Produktion von Koffein und Protein im Teeblatt auswirkt. Somit hat der Tee aus Yiwu einen besonders guten Ausgangspunkt. Vielleicht ist das die Erklärung dafür, weshalb er zum kaiserlichen Tribut-Tee bestimmt wurde.

«Der Duft steigend und erhellend, der Geschmack anmutig und samtig.» (香揚水柔 Xiang Yang Shui Rou) So wurde der Yiwu-Tee beschrieben. Man stellt sich vor, dass der aufsteigende Duft wie eine geschmeidige Schlange um den Tee tanzen würde.

Gaoshan

Ich kannte den Namen seit 2013. Als ich zum ersten Mal in Yunnan war, gab Yu mir zwei Maocha blind zu degustieren. Den einen fand ich besser als den anderen. Yu lächelte und sagte, dieser Tee sei aus Gaoshan. Er wählte Gaoshan Gushu aus und ließ ihn pressen als Andenken für seine Hochzeit. Ich bekam zwei dieser Fladen. Von einem solchen Tee trinkt man einen der Fladen, den anderen bewahrt man auf.

2017 war ich zum ersten Mal in Gaoshan. Es ist ein Dorf der Yi, einem Volk wie in einem lebedigen «Museum», weil die Yi ihre natürliche Religiosität mit der Natur und mit den Jahreszeiten leben. In jedem Frühling gehen sie in den Wald und bringen den Teebäumen Räucherwerk dar. In Gaoshan existieren die besterhaltenen Gruppen von Gushu-Bäumen. Als wir dort waren, wollte Yu uns in den tiefen Wald führen, um uns zu zeigen, wie natürlich die Teebäume wachsen. Leider rutschte ich auf dem Weg zwei Mal aus und stand nahezu weinend hilflos da. Schließlich haben wir nur den Königsbaum Chawang-Shu, der jedes Jahr verehrt wird, gesehen. Weshalb stehen hier noch so viele unbeschädigte Bäume? Es wurde gewitzelt, dass man in den 70er-Jahren dem Aufruf der Regierung, die alten Teebäume abzuholzen, nicht gefolgt sei, und zwar einzig aus Faulheit. Die Yi sind Jäger, nicht Bauern…

Gaoshan liegt 1200 Meter über dem Meeresspiegel. Dort lebt Yus «bester» Teemaker. Wir hatten das Glück, mit ihm zusammen Tee produzieren zu dürfen und von ihm lernen zu können.

Anders als die Vegetation in Gaoshan, wo den Teebäumen mehr Seitentriebe und offene Zweige wachsen, gedeihen die Teebäume in Tianmenshan, Chawangshu und Bohetang eher hochstämmig – was von vielen Teeliebhabern als Giraffen-Bäume bezeichnet wird.

Degustationsnotiz Gaoshan Gushu 2018:
In der Nase duftet er wie früher Frühling, wie eine dezente frische Blume. Im Mund ist der Aufguss fruchtig, mineralisch, mild. Obwohl der Tee sich im Vordergrund nicht aufdrängt, zeigt er stets eine erhellende, leuchtende Tendenz. Ein Bild von einem starken, in sich ruhenden, maskulinen Charakter. Ein Tee, der durch die Lagerung noch zusätzlich an Stärke und Erscheinung gewinnt.

Bohetang

Bohetang (1700 bis 1800 Meter ü. M.) war 2014 noch eher ein Geheimtipp – und bereits teuer genug. Der Preis kletterte Jahr für Jahr rasant nach oben. Der Garten wird von vier Geschwistern der Yao, einer Minderheit in Yunnan, gemeinsam verwaltet. 2008 wurde der Tee in Bohetang als Mahei verkauft, 2009–2013 als Guafengzhai. Ab 2014 wurde der Tee von kleinen Produzenten entdeckt, und Yu war einer dieser individuellen Produzenten. Man erkannte in diesem Tee einen aufsteigenden Star mit dem Potenzial zu einem gereiften Tee über Jahrzehnte! 2014 musste Yu acht Stunden zu Fuß dorthin gehen. Er erzählte mir, dass er sich nach dieser Wanderung zum ersten Mal in seinem Leben alt fühlte. Später haben die Inhaber selbst eine breitere «Straße» angelegt, damit sich das Pflückgut mit dem Motorrad schneller transportieren lässt. Der Garten ist aufgeteilt in ein oberes Gelände und ein unteres Gelände. Das obere Gelände besteht überwiegend aus Teebüschen und Xiaoshu, während die hochstämmigen Teebäume im unteren Gelände wachsen. Auf diesem Gelände sind die alten hochstämmigen Bäume nummeriert. Der Preis variiert, je nachdem, welches Pflückgut man erwerben darf. Gemischtes Pflückgut oder das Pflückgut von jungen Bäumen hat selbstverständlich einen anderen Preis. 2020 brachte ich drei verschiedene Preiskategorien von Bohetang in Erfahrung: 1. Klasse: nummerierte Bäume; 2. Klasse: nicht nummerierte Bäume und Büsche; 3. Klasse: Xiaoshu (und 10-jährige Büsche). Hierzu drängt sich die Frage auf, ob ein Händler weiß, was er bekommt und ob der Kunde sicher bist, was er bekommst. Yu berichtete, dass er einen Zettel erhielt, auf dem 49 Bäume nummeriert sind. Dann bekam er die Mitteilung, welche Bäume an einem bestimmten Tag gepflückt worden waren. Die Interessenten warten unter den Bäumen, bis sie überhaupt etwas erhalten können. Ohne gute Verbindung und mit Geld allein lässt sich leider in Bohetang kein Tee kaufen. Diese Regel kenne ich gut, auch aus anderen Bereichen, wo Geld eigentlich keine Rolle spielt, dafür aber die Menschen. Viele wartende Händler kehren mit leeren Händen aus Bohetang zurück. Yus Bericht macht uns klar, wie wertvoll und wie klein der Kreis derer ist, die diesen Tee in ihrem Leben je trinken können!

Die kleine Menge, die hochstämmigen Bäume und die unberührte Natur machen nicht nur Bohetang begehrt, sondern auch

Tianmenshan

andere Gebiete wie Tianmenshan, Chawangshu und Yishanmo. Und das ist auch der Grund, weshalb die Tees aus «Guoyoulin» so begehrt sind.

Degustationsnotiz Bohetang Gushu 2017:
Floral fruchtig und nach Honig duftend, und so schmeckt er auch im Mund. Der mineralische Aufguss und die feine Süße vermitteln ein Bild von einem prächtigen Turm, als würde man oben auf den Zinnen des Turm stehen, in die Weite blickend, allwissend und alleinstehend. Dank der Kraft des Zentrums, welche dieser Tee vermitteln kann, kommt man auf einem Turm klar mit dieser besonderen Position. Einzigartig in dieser Welt und zufrieden.

Tianmenshan

Tianmenshan gehört auch zu Guoyoulin, es liegt 1600 Meter über dem Meerespiegel an der Grenze zu Laos.Tianmenshan, Bohetang und Yishanmo liegen nicht weit auseinander am selben Bergkamm. Das nächste Dorf heißt Mabashangzhai. Aus dem Dorf muss man 40 Minuten lang auf einer nahezu unpassierbaren Strasse per Motorrad fahren und dann noch eine halbe Stunde zu Fuß gehen. Dort wachsen Gushu in kleinen Grüppchen verteilt über den Hang. Da die Vegetation sehr üppig ist, müssen die Teepflanzen sich schön senkrecht zum Himmel recken, um Licht zu erhalten. In der Konkurrenz zu anderen Pflanzen überleben nur die starken Teepflanzen. Der höchste Teebaum reicht mehr als 30 Meter hoch. Die Atmosphäre ist ursprünglich, auf umgestürzten Bäumen wachsen neue Pflanzen, Moos und Farn erobern den Boden. Ein Bild von Paradies. Tianmenshan wird erst seit drei Jahren unter Teeliebhabern bekannt. Noch sind die Preise «erschwinglich».

Yu empfiehlt mir, von Tianmenshan einen Jubiläumstee pressen zu lassen, weil sein Potenzial als ein schön gereifter Pu'er auch in Jahrzehnten noch hoch geschätzt werden wird. Man sollte vorausschauend handeln. Der stets steigende Preis fordert uns heraus, wir sollten die Fähigkeit entwickeln, die Zukunft von jungen Tees

Yishanmo

vorauszuahnen. Auch wenn dieser Tee in den kommenden Jahren im Lager liegen bleibt, sollte man sich über seine Zukunft keine Sorgen machen.

Degustationsnotiz Tianmenshan Gushu 2019:
Floral und honigsüß in der Nase. Im Aufguss schmeckt man neben dem für Yiwus typischen Süßen noch eine leicht herbe Note. Im Körper spürt man vor allem eine Ausweitung im Brustkorb, und der Hals streckt sich wie der einer Giraffe, die weit in den Horizont schaut und sich der weiten Sicht erfreut.

Yishanmo

Yishanmo gehört ebenfalls zur Kategorie Guoyoulin. Hier wachsen keine hochstämmigen Teepflanzen. Da Gushu immer mehr geschätzt wird und Gushu zunehmend Reichtum verspricht, suchen Bauern und Teeproduzenten verstärkt im tiefen Dschungel nach ihnen. Der Name Yishanmo stammt aus der Geschichte, dass Bauern von Paxi-He zwischen 2000 und 2003 im Dschungel nach alten Teebäumen suchten und dabei in einem verlassenen Wald auf einen Mahlstein stießen. Es wurden zwei Steinmühlen gefunden, wovon eine zerbrochen war. Seitdem heißt der Ort «Steinmühle – Yishanmo». Und die Bauern aus Paxi-He, rund 40 Familien, dürfen die Teebäume dort pflücken. Der Dai-Name «Paxi» bedeutet, dass sie ein Hui-Volk sind, also Muslime. Der Fluss «Paxi-He» bedeutet Fluss des Hui-Volks. Diese Namen erzählen uns die Geschichte eines sehr abgelegenen Waldes, der einmal an der Weggabelung einer Völkerwanderung lag. Heute leben nur noch Mitglieder des Han-Volks in Paxi-He, wo einst Muslime beheimatet waren.

Wie überall bei solch einem abgelegenen Teegebiet muss man zuerst mit dem Motorrad fahren, und dann geht es zu Fuß weiter. Im Urwald wachsen die Teepflanzen verstreut in kleinen Grüppchen zwischen konkurrierenden Pflanzen. Die intakte Natur garantiert einen Geschmack, der die Teeliebhaber heute, aber auch noch in Jahrzenten erfreuen wird!

Chawangshu

Degustationsnotiz Yishanmo Gushu 2020:
In der Nase duftet es nach blumigen Wiesen. Warm und heiter. Der Aufguss schmeckt leicht holzig adstringierend, süß und den Geist erweckend. Das Zentrum des Körpers fühlt sich gestärkt und dehnt sich vertikal aus. Man spürt die Würde des Seins.

Chawangshu

Chawangshu (1600 m ü. M.) ist der Lieblingstee von Yu. Auch sein Freund Hu schätzt ihn mehr als den Tee von Bohetang. Die beiden sagen, der Tee aus Chawangshu werde unterschätzt. Was den zwei Teefreunden schwerfällt, ist der Weg nach Chawangshu. Zu gefährlich. Zu weit. Das Volk der Yao lebt in Guafengzhai, wo das Leben angenehmer erscheint. Die Lagen, wo die Teepflanzen wuchsen, waren in Vergessenheit geraten.

Das Dorf ist berühmt durch einen auf einem Fels gewachsenen starken Teebaum mit einem Umfang, der nur von drei Erwachsenen umarmt werden kann. Der Baum stürzte durch ein Unwetter und wurde bei einem Waldbrand zerstört. Das Gebiet, in dem heute die Gushu-Teepflanzen wachsen, gehört zur Schutzzone von Guoyoulin, in der man nichts verändern darf. Aufgrund seiner Unzugänglichkeit wurde Chawangshu am spätesten entdeckt und vermarktet. Der Grund, weshalb die Teepflanzen im Wald zurückgelassen wurden, geht auf frühere Brände zurück. Ein Waldbrand und frühere Versuche der Bulang, in alter Zeit dort Nahrungsmittel anzubauen, hatten dem Bestand der Teebäume zugesetzt. Trotzdem erholten sich die Teebäume in den zurückliegenden hundert Jahren dank ihrer starken Wurzeln, und sie beanspruchen heute für sich den Platz im wilden Dschungel. Starke Wurzeln, langsam wachsende Bäume und die unberührte Natur verschaffen uns den unverwechselbaren Chawangshu.

Degustationsnotiz Chawangshu Gushu 2016:
Dieser Tee ist bereits gelagert. In einer Kirschbaumrinden-Dose. Der Aufguss ist auffallend süß, auch wenn die ersten beiden

Aufgüsse recht «schweigsam» waren. Ab dem dritten Aufguss zeigt der Tee ein breites Spektrum an Aromen und Facetten. Süß wie Tauwasser und Frucht. Leichte Heu-Noten, vom Gras bis zur Blume. Holzige Nuancen zeigen sich im Abgang. Obwohl dieser Tee bereits gelagert ist, wirkt er erfrischend auf unseren Körper und man bekommt das Gefühl, in kristallklarem Wasser gebadet zu haben. Der Körper fühlt sich gestärkt und kann mit einem Neubeginn starten.

Guoyoulin

Warum liegt das Recht, den Tee im Gebiet von Guoyoulin zu pflücken, von alters her ausgerechnet beim Volk der Yao? Die Yao sind eigentlich Jäger. Sie bewegen sich traditionell im Dschungel, und so ist es kein Wunder, dass sie die Teepflanzen bei der Ausübung der Jagd entdeckten. Und in Guoyoulin bekommt derjenige das Recht, zu pflücken, der die Pflanzen entdeckt. Diejenigen, die nicht die Chance hatten, als Erste die Entdeckung zu machen, pflanzen dann neue Teepflanzen in der Nähe. Wer eine höhere Ernte erzielen will, pflanzt auf dem Gelände seine Teesamen. Dadurch wird das Wirken der Natur durch menschliche Hände beeinflusst. Um den Teepflanzen mehr Raum zu verschaffen, werden andere Pflanze zerstört. Und diese Zerstörung beeinflusst wiederum die Atmosphäre und das Mikroklima, was sich auf den Geschmack auswirkt. Mir ist erzählt worden, dass der Bohetang 2020 bereits anders schmeckt als 2015.

Der Tee von Yiwu ist berühmt für seine fruchtige Süße und den «Shanye-Yun, Geschmack aus der Wildnis der Berge». Das bittere von Menghai und das Süße von Yiwu bilden den ästhetischen Kontrast der Pu'er-Ästhetik. Das Bittere mag eine gewöhnliche Zunge nicht, vor allem nicht die von Kindern. Darum heißt der bittere Geschmack auch der Geschmack der Erwachsenen, und er gilt in der fernöstlichen Ästhetik als kultiviert. Die Süße hingegen mögen zwar die meisten Menschen, aber sie kann auch «gewöhnlich» wirken.

Warum kann der Yiwu-Tee in der Geschichte für sich eine Sonderstellung beanspruchen? Das muss jeder für sich selbst entdecken. In der chinesischen Kultur bedeutet «Süss» nicht nur fein, sondern auch lebendig, nährend und tragend. Das belebende stärkende Süße, was durch die Kraft der Bergwildnis hervorgehoben wird, wirkt sich für Chinesen aus als Qi. Es kann aber auch als starker Körper, facettenreiche Nuancen und nachhaltiger Abgang verstanden werden. Damit verglichen kann die florale Süße des Lincang-Tee eher flach und schmal ausfallen.

MANGZHI UND GEDENG

Mangzhi

Vom Tee aus Mangzhi heißt es, er sei weiblich, und das aufgrund seines sanften süßen Aufgusses. Es wurde erzählt, dass der berühmte Zhuge Kongming (181–234) im Jahr 225 in Yunnan Krieg führte und er sich dabei in Mangzhi und Gedeng aufhielt. In Gedeng soll er seinen Steigbügel vergraben haben, in Manzhuan habe er Ziegel aus Eisen vergraben, und in Mangzhi versteckte er Kupfer in der Erde. Darum heißt es Mangzhi (Mang bedeutet Kupfer). Zhuge wird im Gebiet von Mengla von vielen ethnischen Gruppen verehrt und als der Vater des Tees bezeichnet. Von ihm heißt es, er habe die Samen von Teepflanzen nach Yunnan gebracht und den Menschen dort das Wissen über Tee vermittelt. Darum gibt es einen Kongming-Shan.

Während der Yuan- und Qing-Dynastie herrschte hier Frieden und Üppigkeit. Die Pferde der Händler trampelten einen richtiggehenden Tee-Pferde-Weg in die Berge, den man heute noch sehen kann. Zu der Zeit gab es hier so etwas eine Völkerwanderung, und die Inter-Religiosität gehörte zum Alltag. Dieser Schmelztiegel erblühte in Reichtum, und das brachte ebenfalls Konflikte mit sich. Im 19. Jahrhundert brachen ethnische Unruhen aus, und es kam zu militärischen Auseinandersetzungen. Der Tee geriet in Mangzhi in Vergessenheit. Die Moschee, die Strassen und der Tempel verschwanden aus der Erinnerung. In den 40er-Jahren des 20. Jahrhunderts war der Tee von Mangzhi schlicht vergessen. Erst in den 80er-Jahren fingen die Nachkommen wieder an, in den verlassenen Wäldern nach alten Teepflanzen zu suchen und Blätter zu pflücken. Heute wachsen Teepflanzen vermischt mit anderen Pflanzen, Assamica und Sinensis stehen nebeneinander. Niemand kümmert sich um sie, und sie haben Raum und Zeit, sich zu entfalten.

Mangzhi

Degustationsnotiz Mangzhi Gushu 2020:
Sehr duftende aromatische Tasse. Süß wie Honig – was mich an Yiwu erinnert. Eine frische Note zeugt von Lebendigkeit – was mich an Yibang erinnert. Aber dieser Tee ist nicht so prächtig wie Yiwu, und er ruht nicht so edel in sich wie Yibang.

Wie soll ich diesen besonderen Tee beschreiben?
Der chinesische Gelehrte und Philosoph Liang Qichao (1873–1929) beschreibt weibliche Stärke so: Frauen verfügen über keine starke Muskelkraft. Aber wenn sie Mütter sind, strahlen sie Stärke und Entschlossenheit aus (女子本弱, 為母則剛 von Liang Qichao). Viele Leserinnen und Leser mögen Probleme mit dieser Äußerung haben. Aber ich möchte diesen Satz verwenden, um Mangzhi zu beschreiben. Mangzhi-Tee beglückt uns mit einem sanften aromatischen Aufguss. Erst später spüren wir seine ausdehnende Kraft, die nicht dominant ist, nicht vordergründig, aber präsent. Sie strahlt durch unseren Körper und fließt durch die Energiebahnen.

Ich weiß nicht, wie Zhugeliang (Zhuge Kongming) durch Mangzhi ritt. Keine Ahnung, ob er sich im Wald nicht verloren fühlte. Vielleicht kochte sein Adjutant während einer dringend nötigen Pause unter einem Baum gerade einen Topf Wasser. Der Ostwind wehte. Blätter fielen ins Wasser. Zhu lächelte, als eine Blüte gerade in seine Hand fiel. Das Wasser schmeckte und erfrischte ihn. Mit einem Mal sprang er auf und holte ein Kupfergefäß. Zum Dank und zur Erinnerung an den Absud bewahrte er den Geschmack in dem Gefäß der Erde für immer unter den Bäumen.

Für mich ist der Tee aus Mangzhi ein Tee, der Geschichten erzählt. Er inspiriert.

Gedeng

Gedeng bedeutet in der Sprache der Bulang «der hohe Ort». Durch diesen Namen weiß man, dass hier das Volk der Bulang lebte. Er liegt in Mengla Xiangming, zwischen Mangzhi und Yibang. Die Höheunterschiede hier sind beträchtlich: Der Ort erstreckt sich zwischen 1950 und 565 Meter ü. M. Seine Gushu-Teegärten liegen in den Dörfern Zhibang und Xinfa.

Es ist dokumentiert, dass es in Gedeng einen sehr alten starken Teebaum gab, den man als den Königsbaum bezeichnet, als Chawangshu. Im Frühling wurde dieser Baum in einer Zeremonie verehrt, bevor Blätter von ihm gepflückt wurden. Aber dieser Baum existiert seit mehr als hundert Jahren nicht mehr. Dieser Königsbaum soll von Zhuge Kongming gepflanzt worden sein. Er ist das Symbol von Kongming. Der Berg Kongming-Shan überschaut direkt das Gedeng-Dorf. Während der Qing-Dynastie im 18. Jahrhundert erlebte dieses Dorf seinen Höhepunkt. Es lebten dort mehr als 300 Familien, die sich in Gedeng niedergelassen hatten. 1781 wurde ein großer Tempel erbaut, und auf dessen Gedenkstein liest man verschiedene Herkunftsorte der Gründer.

Der ethnische Konflikt in Mangzhi dehnte sich im 19. Jahrhundert nach Gedeng aus, und viele Wälder fielen dem Feuer zum Opfer. Gedeng gehört zu den am stärksten zerstörten Regionen von Gushu. Dort, wo es noch alte Gushu gibt, wachsen sie gemischt zwischen Assamica und Sinensis. In solchen Gebieten ist es besonders wichtig, eine kooperative Beziehung zu den Teebauern zu pflegen, damit das Blattgut nur von ausgewählten Gushus gepflückt wird, ohne dass das Pflückgut mit Xiaoshu vermischt wird.

Dass der Gedeng-Tee vergessen ging, hat mit verschiedenen militärischen Konflikten in der Region zu tun. Ein zusätzlicher Grund liegt in der Abgeschiedenheit, welche es verhinderte, dass diese Tees von der zentral verfügten Politik des Pflückgut-Einkaufs seit 1956 erfasst wurden. Die alten Teebäume gerieten in Vergessenheit, und vielleicht war es ja ihr Glück, vergessen zu sein. Denn eine Firma aus Shenzhen pachtete 2005 für 50 Jahre ein Grundstück im Dorf Xin Jiufang, um das bis dahin «ungenützte» Tee-Gebiet nützlich zu «entwickeln». Die Firma ist verpflichtet, auf dem Land keine Pestizide zu verwenden. Sie versuchte es zunächst mit dem Anpflanzen von Adlerholz-Bäumen zur Gewinnung von Räucherharz. Der Plan scheiterte, und das Unternehmen reichte das Recht zur Bewirtschaftung weiter an einen Dritten. Nun wurde hier Eukalyptus angebaut, dessen Wurzeln basische Stoffe ausscheiden. Doch Teepflanzen brauchen eher einen sauren Boden. Der Kreislauf wurde angegriffen, und das gesamte Öko-System hat sich verändert.

Zhibang, wo die von Yu ausgewählten Teebäume wachsen, ist davon nicht betroffen. Trotzdem erleben wir es in den letzten Jahren immer wieder, solche Situationen mitansehen zu müssen. Die fremden Pflanzen scheiden andere Stoffe aus, und das Diktum der Wirtschaftlichkeit verändert das Öko-System. Das heißt, wir müssen damit aufhören, guten Tee an bestimmten Orten zu produzieren. Zum Beispiel Tee aus dem Dorf Guangbie in Bulangshan – dessen Tee von Tim als «Sad Boys»-Tee bezeichnet wird.

Und dort, wo einst der Königbaum stand, klafft seit dem 20. Jahrhundert ein riesiges Loch. Heute ist kaum mehr bemerkbar, dass dort etwas Göttliches sein könnte.

Degustationsnotiz Gedeng Gushu 2020:
Tee aus dem Mengla-Gebiet hat immer eine ausgeprägte florale Feinheit. Die Textur ist samtig, die Wirkung erfrischend und kräftigend. Tee aus Gedeng ist für mich ein maskuliner Tee. Prächtig und selbstbewusst. Er steht zwischen Himmel und Erde. Einmal schlief ich ein, nachdem ich einen Gedeng trank. Im Traum fühlte ich mich zuerst wie ein kräftiges Pferd. Das Pferd verwandelte sich dann zu einer Wolke, das durch die Landschaft zog. Vielleicht dient uns diese Stärke, Freiheit zu leben, statt von ihr gefangen zu sein.

YIBANG UND MANZHUAN

Yibang

Der Name Yibang bedeutet auf Dai «Der Ort von Teebäumen und Brunnen».

Yibang liegt im Norden der Provinz Mengla und gehört zum Xiangming-Bezirk, der 19 Dörfer umfasst. Das Land ist rund 360 Quadratkilometer groß und erstreckt sich über eine Höhe von 600 bis zu 1900 Meter über dem Meeresspiegel. Die Spitze des berühmten Bergs Mansong liegt auf 1340 m. ü. M.

Die Gebiete mit alten Teebäumen (Gushu) liegten in den Dörfern Yibang, Mibu, Mansong, Xikong, Jiabu, Mangong und Malishu. Heute wachsen in Mibu, Malishu und Mangong besonders viele Gushu.

Die Region Yibang blickt auf eine reiche Geschichte zurück. Seit der Ming-Dynastie war die Region, vor allem die Berge von Mansong, ausschließlich für den Tribut-Tee an die Kaiser reserviert, und diese Tees genossen einen großen Ruhm. Doch der Ruhm brachte den Teebauern nicht viel Glück. Viele mussten unter Zwang arbeiten, und das führte zu unmenschlichen Belastungen. Da zerstörte manch ein Bauer lieber die Teebäume und suchte das Weite. Das ist auch der Grund, weshalb in Mansong nur noch wenige Gushu übriggeblieben sind. Die Teebäume in Mansong gehören niemanden. Jeder Dorfbewohner kann pflücken gehen. In den tiefen Wäldern des Berges gedeihen die Gushu im Verborgenen, und das Wissen um die Standorte wird von den Dorfbewohnern wie ein Geheimnis gehütet!

Der Tee vom Prinzenberg in Mansong ist nicht nur berühmt wegen seines feinen Aufgusses, sondern auch wegen einer Legende. Es wird erzählt, dass der letzte Prinz der Ming-Dynastie sich vor den Truppen der Mandschu Hilfe bei den Menschen in Mansong suchte. Er soll sich zwischen den Teebäumen im

Yibang

Dschungel versteckt haben und starb unter einem Baum, als ein Pfeil ihn traf.

Mansong genießt sein Renommee als Kaisertribut-Tee und Yibang diente als Zentrum des Teehandels im 19. Jahrhundert. Das Dorf Yibang war in jener Zeit ein glorreiches Städtchen voller Teegeschäfte und Produktionsstätten, und gleichzeitig war es Ausgangspunkt des Tee-Pferde-Weges! Die schöne alte Zeit wurde zerstört durch verschiedene Konflikte mit ethnischen Hintergründen und auch durch die Verlagerung des Handelszentrums nach Yiwu. 1942 wurde vom Volk der Youle ein großes Feuer gelegt. Drei Tage und drei Nächte wütete das Feuer, danach war Yibang endgültig zerstört.

1949 wurde die neue Republik gegründet. Fortan wurden die Produktion und der Handel von Tee durch den Staat organisiert. Die Teebauern hatten lediglich das Pflückgut zu liefern. Viele Familie fingen an, Getreide anzubauen, und sie vernachlässigten die Pflege der Teebäume. Heute existieren die meisten Gushu von Yibang in den Dörfern Malishu, Yibang und Mangong.

Die Teepflanzen in Yibang sind gemischt aus Xiaoye Zhong (kleinblättrig), Zhongye Zhong (mittelgroßblättrig, wozu die meisten Varietäten von Oolong gehören) und Daye Zhong (großblättrig). Es heißt, die Xiaoye-Zhong-Pflanzen seien Ende der Ming-Dynastie im 17. Jahrhundert aus Sichuan nach Yibang gebracht worden. Diese Art von natürlicher Mischung in den Wäldern ist in Xishuangbana ein seltenes Phänomen. Aber in Yibang wachsen verschiedene Varietäten zusammen. Es gibt eine besondere kleine Blattform, die von den Teebauern als hässlich und unpraktisch bezeichnet wird. Sie heißt Katzenohr, Mao Erduo. Mao Erduo hat recht kleine Blätter, so groß und oval-spitz wie ein Katzenohr. Solches Pflückgut ist eigentlich als Material für Pu'er nicht anerkannt, weil das offizielle Pflückgut von Pu'er von Daye Zhong, das heißt von großblättrigen Pflanzen, stammen soll! Außerdem ist das Pflücken dieser kleinen Blätter zu aufwendig. Ein reiner Luxus!

Außer Mao Erduo gibt es auch einen speziellen seltenen Tee «Hong Erduo». Er ist aus neuen zarten Blättern im Frühling, wenn Teebäume anfangen zu sprießen. Diese Blätter sind purpurfarbig.

Diese Art von Teebäumen ist eine natürliche Mutation. Die Natur hat sie erschaffen, nicht der Mensch durch Züchtung.

Beide Varietäten sind rar. Innert fünf Jahren hat sich der Preis um das fünffache verteuert.

Degustationsnotizen

Mao Erduo Gushu 2016:
Floral, süß, nur leicht mild herb, kaum Tannin. Der Duft füllt den ganzen Mund, frisch blumig wie Orchideen aus dem Wald, die gerade aufgehen. Ein warmes Gefühl steigt auf im Körper. Ruhe kehrt ein.
Viele chinesische Teeliebhaber bezeichnen den lieblichen Geschmack des Tees aus Yibang wie die erste Liebe im Leben. Für mich ist dieser Tee wie der Einsiedler im tiefen Wald – ein Hauch Ruhe und Zufriedenheit – einerseits. Andererseits bekommt der Geist neuen Schwung, er wird wie ein Hase im Frühling, springt auf und ist lebendig.

Hong Erduo Gushu 2017:
Rund, vollmundig. Der Abgang ist lang, süß und frisch. Komplexer als Mao Erduo.

Yibang Guoyoulin Gushu 2019:
Fein florale subtile Note. In dem süß wirkenden Aufguss verbirgt sich eine leicht herbe Note. Der Tee vermittelt ein Gefühl, als würde man einen kostbaren Schluck Mansong trinken. Ruhe und Gelassenheit kehren in den Geist zurück. Die feine herbe Note wirkt zentrierend auf den Körper. Man fühlt sich gerichtet wie ein starker Baum, der sich zum Himmel ausrichtet. Mit einem neuen Blick.

Manzhuan

Manzhuan bedeutet in Dai «das Zentrum des großen Bergdorfes». Hier wachsen Gushu auf Lagen zwischen 565 bis 1540 m ü. M. Das Gebiet umfasst vier wichtige Dörfer: Manzhuan (1100 m ü. M.),

Manlin mit dem besterhaltenen Gushu-Wald und die Dörfer Manqian und Bazongzhai.

Die Region Manzhuan gehört zu den Regionen, in denen Gushu auf einer zusammenhängenden Fläche recht vollständig und dicht wachsen. Die meisten Gushu hier sind älter als 300 Jahre, und sie wachsen in recht natürlichen Wäldern!

Es heißt, dass die Hälfte des Yiwu Pu'er aus Manzhuan stamme. Man kann sich vorstellen, dass die Produktion aus Manzhuan hinsichtlich Menge und Qualität ebenbürtig mit der von Yiwu ist. In alten Teebüchern wird gesagt, der Tee von Yibang und Manzhuan sei der Beste aus den sechs Teebergen!

Die meisten Gushu in Manzhuan wachsen in sogenannt staatlichen Wäldern – Guoyoulin. Diese Wälder wurden an Dorfbewohner zugeteilt, die einst schwach und allein waren. Die besser situierten Bewohner erhielten Grundstücke näher zum Dorf, während die sozial Schwachen die entfernten Wälder bekamen. Heute liefern diese Wälder schöne alte Teeblätter, wenn die Bauern den weiten Weg auf sich nehmen, die wildgewachsenen Teeblätter pflücken zu gehen. Der Reichtum kommt durch den Boom des Pu'ers und der Suche nach den guten alten Gushus!

Der Gushu Pu'er aus Manzhuan ist bekannt für seinen Geschmack mit Spuren von Wildnis. Walong ist zum Beispiel ein sehr abgelegenes Dorf. Unzugänglich und tief verlassen. Die Teepflanzen dort wachsen in fernen Wäldern und stehen unter offizieller Überwachung. Der Charakter solchen Tees zeigt sich im duftenden Aufguss, der von einer starken mineralischen Note und Herbheit begleitet wird. Sein nachhaltiger Abgang prägt den Charakter dieses Tees. Es schmeckt wie aus wildem Bachwasser, das über Gestein fließt!

Um die Region Manzhuan ranken sich zwei Legenden. Es wird erzählt, dass Zhu Geliang (Zhuge Kongming, S. 93), ein General aus dem 2. Jahrhundert, einen Ziegel im Boden von Manzhuan vergraben hat. Daraus ist der Name Man (Begraben) Zhuan (Ziegel) entstanden.

Die andere Geschichte ist weitaus ereignisreicher. Sie handelt von einer jungen Frau, von einer Schlange und von Teebäumen. Es war einmal eine junge Frau, Xiao-Man. Als sie auf einem Waldweg spazieren ging, begegnete sie einer großen Schlange. Die fette Schlange hatte viele kleine Füße und sah furchterregend aus. Sie bedrohte Xiao-Man. Xiao-Man hob einen backsteinartigen Stein hoch und wollte damit die Schlange töten. Die Schlange war schneller, sie fraß die junge Frau mitsamt dem Stein. Xiao-Man wanderte im Blut der Schlange bis hin zu ihrem Herzen, und dort schlitzte sie ihr mit dem Stein das Herz auf. Die Schlange starb, und in ihr auch Xiao-Man. Das Glück wollte es, dass Xiao-Man sich in eine Pflanze verwandelte und schwor, fortan dem Dorf zu dessen Schutz zu dienen! Seitdem wurde der aus Xiao-Man verwandelte Teebaum Manzhuan genannt. Dieser Teebaum säte viele Teesamen über den Berg aus. Bald wuchsen überall an den Abhängen des Manzhuan Sprösslinge, wodurch die Region zu ihrem Namen Manzhuan kam.

In Manzhuan wachsen zwei Variationen: Die meisten Teebäume sind Daye Zhong (großblättrig), der Anteil von Liuye Zhong (Weidenblatt-Form) beträgt 25 %. Der Tee aus dem Bergdorf Taozi gehört zu der Sorte Liuye Zhong. Diese Bezeichnung richtet sich nach der Form des Blattes. Die Pflanze ist nicht kultiviert.

Degustationsnotizen

Taozi Gushu 2016:
Textur weich. Leichte, fruchtige Note – klare Marille. Leicht herb, harzig und schön mineralisch. Wie ein mit Mineralwasser gespritzter Steinfruchtsirup.

Manzhuan Gushu 2014:
Dieser Tee befindet sich im Übergang. Es schmeckt nach Mandelhaut – leicht grün und herb und zugleich mit der Süße der Mandel. Mineralisch – als ob man an einem Stein leckte.

Degustationsnotiz Manlin Gushu 2020:
Aromatisch süss – er erinnert einen an Mangzhi Gushu. Seine mineralische Note macht ihn ausdruckstark. Der Aufguss ist so erfrischend wie reines Gletscherwasser.

Walong Guoyoulin Gushu 2020:
Aromatisch süß, geschmeidig und leicht fruchtig. Der Aufguss erhellt das Gemüt, und man fühlt sich wie ein Drache kurz vor dem Abflug.

DAI-KERAMIK – AUS DER NEUSTEINZEIT FÜR DIE ZUKUNFT

«Wann gibt es sie wieder?»

«Es gibt wieder Dai-Keramik, wenn in Jinghong das Wetter sonnig wird», musste ich manchmal auf eine Anfrage in meinem Geschäft in Zürich antworten. Bis heute insistiert die Meisterin der Dai-Keramik Yü Meng darauf, dass für den Brennprozess nur unter der Sonne getrockenetes Reisstroh zu verwenden ist. Ich kann sie nicht davon überzeugen, ein anderes Brennmaterial zu verwenden.

Yü Meng lebt mitten in einem Markt in Jinghong, der Hauptstadt von Xishuangbana. Ich besuchte sie mit meiner Reisegruppe, und wir hatten verschiedene Metzger-Marktstände, Früchte-Stände und bellende Hunde zu passieren, bevor wir zu ihr fanden. Innerlich vergleiche ich sie und ihre Arbeitsstätte gerne mit Kakiemon. Kakiemon-Porzellan in Japan trägt den passenden Titel, ein «Living National Treasure» des Landes zu sein, während Yü Meng einen Titel dafür tragen müsste, die Erbin des unsichtbaren «Nationalen Kapitals» Chinas zu sein. Das Haus Kakiemon liegt gediegen außerhalb von Arita, die Toiletten für Gäste sind aus stilvoller, japanischer Kiefer gebaut. Yü Meng hingegen arbeitet und lebt mitten in einem lärmigen Markt.

Dieser kleine Familienbetrieb lebt nicht von Touristen, nicht von medialen Bildern auf Plattformen wie Instagram und nicht vom Kommerz, sondern noch von der lokalen Bevölkerung. Hier wird nach Auftrag produziert, und man arbeitet weiterhin mit traditionellen Mustern wie zum Beispiel Wasserwellen oder das Horn des Drachen, Long Jiao.

Ich frage die Mama Yü Meng, wie das Horn eines Drachen denn aussehen soll. Meine Frage machte sie stutzig. «Das Horn des Drachen ist doch das Horn des Drachen.» Das machte mich nun sprachlos, und ich wusste nicht, wie ich meiner Gruppe aus Europa das hätte übersetzen sollen. Ihr Sohn sprach aus dem Hintergrund: «Drachen haben doch ein Horn!»

Drachen haben auch ein Horn. Und dieses Horn verkündet Glück. Natürlich will Mama Yü Meng das Glück auf ihre Keramik malen, damit das Glück durch die Hände der Benutzer auf diese übergeht. Aber meine Frage war, woher ihre Vorfahren denn wussten, wie das Horn von Drachen aussieht. Und warum glaubt sie noch immer daran?

Sie kann meine Zweifel an ihren Vorfahren nicht nachvollziehen.

Sie arbeitet mit einer Leichtigkeit, auch wenn die Tradition scheinbar schwer wiegt. Man Lun heißt langsames Drehen. Das sei zu langsam für die meisten jungen Menschen, sagte sie. Das ist der Hauptgrund, weshalb die meisten mit dieser Tradition brechen und warum sie das Ansehen als Erbin eines unsichtbaren «kulturellen Kapitals» genießt. Das Leben ist oft voller Paradoxe.

«Woher nehmen Sie Ihre Erde?»

«Aus der Nachbarschaft», sagte sie ohne zu klagen, «es wird immer schwieriger. Unser Staat fördert die Wirtschaft, und wir verlieren das Land. Wenn Häuser in unserer Nachbarschaft abgerissen werden, versuche ich diese Erde für mich zu gewinnen, indem ich Erde von woanders kaufe, um sie einzutauschen.» Eine frisch abgebaute Erde muss zuerst verarbeitet werden, gerieben, fermentiert und gelagert. In der Werkstatt hing ein Foto ihrer Tochter, wie sie mit ihren Füßen die Erde bearbeitet. Dai-Keramik von Meisterin Yü Meng ist eben kein Industrieprodukt.

Yü Meng 玉勐 sagte, sie hätte zwei Kinder. Ihr Sohn leidet an einer Erbkrankheit und kann die harte Arbeit nicht auf sich nehmen. Die einzige Tochter sagte einmal in einem TV-Beitrag[21], der von einer chinesischen Station ausgestrahlt wurde, sie wolle die harte Arbeit der Mutter nicht fortsetzen. Sie will sich eine solide Anstellung suchen, am liebsten beim Staat. «Ist die Arbeit mit Dai-Keramik nicht solide?», fragte die Journalistin. Die Tochter lächelte: «Solide ist es wohl. Aber ich bin eine Frau. Ich will nicht die Erde ausgraben, ständig nach Reisstroh und Holz suchen und das nach Hause schleppen. Das ist sehr hart, sehr anstrengend. Das ist etwas anderes als das, was sie hier bei uns in der Werkstatt sehen. Ich bin eine Frau, wissen Sie.»

Yü Meng hörte zu und behielt im Film ihr gütiges Lächeln. «Ich habe eine Enkelin. Sie spielt gerne mit Erde. Wer weiß, ob nicht sie meine Erbin sein wird?»

Warum will die Meisterin ihre Aufgabe überhaupt weiterreichen? Heute gibt es doch praktische Schüsseln aus Plastik – und die sind unverwüstlich. Aber jedes Volk hat, seit es Menschen gibt, seine eigene Methode, um Gefäße herzustellen und darin Wasser zu transportieren. In unserer Zeit ist diese grundlegende Bedeutung von Behältern nicht mehr im allgemeinen Bewusstsein – eben aufgrund der Popularität von Plastik.

Plastik verschwindet jedoch nicht einfach in der Erde. Ein Tonbehälter hingegen entsteht aus Erde, und er wird wieder zur Erde. Von ihm bleiben keine Spuren zurück.

Das Volk der Dai produziert seit 4000 Jahren seine eigenen Gefäße. Sie verwenden ihre Keramik für Töpfe, Dosen, Wasserkannen und Teller. Heute findet man diese Stücke aber nicht mehr im gewöhnlichen Haushalt, sondern in Souvenirläden, in Ferienresorts oder in Museen. Auch wenn diese Keramik heute zur vergessenen Rarität geworden ist, arbeitet die Meisterin immer noch wie ihre Vorfahren vor 4000 Jahren.

Der Ton, aus dem die Keramik gefertigt wird, wird selbst hergestellt. Wenn die Gefäße zum Brennen bereit sind, baut die Künstlerin eigenhändig einen Ofen aus Stroh und Lehm, und sie stellt die mit trockenem Stroh umwickelten Keramikobjekte auf kleine Hölzer geschichtet hinein. Anschließend wird alles angezündet. Am Schluss bleibt nichts mehr übrig als die Objekte selbst: Alles andere hat sich in Asche verwandelt.

Die Teegefäße selbst verändern im Laufe ihres Gebrauchs die Farbe. Sie dunkeln nach, und dies individuell, je nach Tee, den der Besitzer oder die Besitzerin daraus trinkt. Zu Beginn mag die Farbänderung etwas irritieren, weil sich auf den Tassen Flecken bilden, die fast etwas schmutzig aussehen. Doch mit der Zeit erfasst die Nachdunkelung das ganze Gefäß. Es bekommt seine eigene Ausstrahlung!

«Unsere Keramik ist naturbelassen. Nur für Aufträge mischen wir Farbe bei. Ansonsten sehen sie rötlich aus. Unglasiert und ungefärbt. Die Färbung entsteht durch den Gebrauch.»

Die Töpferin erklärte uns, wie unglasierte Keramik vor dem Gebrauch zuerst behandelt werden sollte: In Wasser, das aus einem Tofublock gepresst worden ist, oder in Wasser, mit dem Reis gewaschen wurde, das Gefäß 30 Minuten auf schwachem Feuer köcheln lassen. Das wirkt für die Gefäße schützend.

Taugt diese Keramik dazu, aus ihr guten Tee zu trinken? Für einen Pu'er ist dies jedenfalls das authentische Gefäß, und es schmeckt nach Yunnan!

Nach meinem Besuch bei Yü Meng fragte ich mich selber, ob diese Art von Keramik in unserer digitalen Zeit noch eine Zukunft hat. Wozu diese Gefäße auf derart komplizierte und unpraktische Art herstellen? Weshalb nicht einfach einen fixen Ofen bauen oder Tonerde kaufen? Die Meisterin sagte im Interview, dass sich die Bedürfnisse der Kunden von Mal zu Mal unterscheiden. Ein festgebauter Ofen passt sich aber der Situation nicht an! Man denke etwa an die Verbrennungsöfen der Müllverbrennungsanlage in Zürich: Sie sind zu groß geplant, und die Stadt Zürich muss Müll einkaufen!

Ist diese Arbeitsweise klug, oder ist sie rückständig? Gehört sie eher in die Vergangenheit oder ist sie zukunftsweisend?

GESCHMACK, TEE UND SEINE EINFLÜSSE AUF UNS[22]

Im chinesischen Weltbild unterscheidet man zwei Energie-Formen: Yin und Yang. Man muss sich zuerst eine Einheit vorstellen, in der Yin und Yang vereint sind. Und bedenken, dass Yin in Yang existiert, während Yang ebenfalls in Yin existiert. Ich möchte hier nicht viel dazu erklären, was Yin und Yang bedeuten können. Vielmehr möchte ich erörtern, wie die beiden Kräfte auf uns wirken.

Wenn wir auf der Erde stehen und die Kraft wahrnehmen, die aus der Erde strömt, so wirkt diese Kraft ausbreitend und öffnend. Sie nährt alle Lebewesen. Die Mutter-Erde-Kraft ist Yin, im I-Ching spricht man von «Kun». Die Kraft, die aus der Sonne kommt, ist die Energie von außen, die auf uns einwirkt. Unser Körper reagiert darauf mit einer aufnehmenden, schließenden Bewegung. Diese Energie ist konzentrierend und zusammenziehend. Das ist die Energie von Yang. In I-Ching nennt man sie «Qian» – die Energie von Himmel und Sonne.

In unserem Oberkörper fließt die Energie auf der Vorderseite nach oben. Das Blut wird bewegt durch die Energie, die als Qi bezeichnet wird. Das Blut ist Träger von Nahrung, während das Qi eine schützende Kraft hat. Energie, die vom Zentrum (Herz) hinausfließt, füllt Rahmen und Raum. Sie hat die Qualität von Yin. Sobald diese Energie an die Grenze kommt, tritt die andere Energie hinein und fließt zurück ins Zentrum. Das ist Yang – zusammenziehend und schließend – zurück zur Quelle. Aus der ersten Energie entsteht die zweite. Die zweite kehrt zurück. Somit schließt sich ein Kreislauf. In diesem Kreislauf ergänzen sich die beiden Energien und streben stets nach einer Balance.

Der Wechsel der Jahreszeiten verändert diese Balance. Dazu kommen noch die Veränderung von Lebenssituationen. Im chinesischen Weltbild werden dem Charakter einer Jahreszeit aufgrund von Naturbeobachtung verschiedene Symbole zugeordnet und mit den fünf Hauptorganen korreliert. Dazu werden fünf grundlegende Arten von Geschmack kombiniert.

Frühling
Leber – Holz-Charakter – Geschmack: sauer

Sommer
Herz – Feuer-Charakter – Geschmack: bitter

Spätsommer
Milz – Erde-Charakter – Geschmack: Gan (süß)

Herbst
Lunge – Metall-Charakter – Geschmack: scharf

Winter
Nieren – Wasser-Charakter – Geschmack: salzig (mineralisch)

Im Geschmack von Süß manifestiert sich die Yang-Energie. Süß – Gan bedeutet nicht das Süße von künstlichem Zucker oder von raffinierten Süßigkeiten, sondern von natürlicher Süße. Gan wirkt auf den Körper als nährende und zirkulierende Kraft. Im chinesischen Weltbild begünstigt dieser Geschmack die Verdauungsorgane wie Magen und Milz. Indirekt die Lunge. Er ist die Quelle von Yang-Energie.

Hingegen begünstigt der Geschmack Salzig den Faktor «Xian», und der lässt sich als mineralisch verstehen. Dieser Geschmack ist die Quelle von Yin-Energie, sie begünstigt die Nieren, Herz und Blut, also auch die Leber, denn die Leber produziert nach chinesischer Vorstellung das Blut. Sie fördert den Kreislauf, die richtige Körpertemperatur und reguliert den Hormonhaushalt.

Man kann mit den beiden Geschmäckern unsere Lebensenergie pflegen. Zum Beispiel sind leicht in Salzwasser gekochte Körner wie Reis, Hafer und Dinkel die einfachste Form einer Therapie.

In jeder Jahreszeit dominiert ein bestimmter Geschmack. Zum Beispiel herrscht der Charakter Feuer im Sommer, und der bittere

Geschmack im Tee kann dem Körper helfen, überschüssiges Feuer zu reduzieren. Wenn aber der Geschmack bitter zu sehr aufgenommen wird, sodass die Balance kippt, würde der Körper nicht mehr unterstützt. Wenn wir nach dem Bedürfnis des Körpers ein bestimmtes Nahrungsmittel verzehren, so hilft uns dieses Mittel. Verzehren wir zu viel von einer bestimmten Nahrung, führt das eher ins Gegenteil.

Wenn wir zu stark nach etwas greifen, zeugt dieses Verlangen von einem Mangel. Zu starkes Yang verlangt nach Yin. Und umgekehrt.

Wenn wir in diesem Zusammenhang nun mit Tee arbeiten, werden die Möglichkeiten vielfältiger. Das lässt sich mit einem einfachen Modell veranschaulichen. Dieses Modell erklärt uns die fünf Charakterformen in der Korrelation mit psychischen Qualitäten. Einerseits unterstützend, andererseits komplementär.

Holz
Kreativität / Wut – Sauer (Fermentierter Tee wie Oolong)

Feuer
Weisheit / Freude – Bitter (sämtliche Teesorten)

Erde
Denken / Nervosität – Gan (gut produzierte Teesorten haben eine natürliche Süße)

Metall
Intuition / Trauer – Scharf (Pu'er)

Wasser
Ausdauer /Furcht – Salzig/ mineralisch (Tee aus bestimmten Gegenden)

Wenn man viel geistige Arbeit zu leisten hat, was Denken und Ausdauer verlangt, so werden zwei Energieformen besonders beansprucht: Wasser und Erde. Wasser-Energie korreliert mit dem

Geschmack Xian (salzig) und Erde-Energie mit dem Geschmack Gan (Süß). Jemandem, der an einem langen Projekt arbeiten muss, würde ich zum Beispiel Manlin, Laomane oder Yishanmo empfehlen.

Wäre die Person durch solche Arbeit überfordert, eher nervös, innerlich wütend und frustriert, so würde ich eher komplementär arbeiten. Nach einer schlaflosen Nacht zum Beispiel hat man das Bedürfnis nach einem schön gelagerten Tee, erdig sanft und leicht mineralisch. Dann fühlt man sich geerdet und getragen.

Neben dem Einfluss durch seinen Geschmack spricht jeder Tee jeweils noch eine andere Sprache, die möglicherweise von der Erde und dem Mikroklima seiner Herkunft beeinflusst wird. Aufgrund seiner Herkunft und der Produktionsschritte, die er durchlaufen hat, verfügt jeder Tee über seine eigene Art von Qi-Energie, mit der er sich durch unseren Körper bewegt. Es lässt sich eben nicht pauschal behaupten, Grüner Tee sei so und Pu'er-Tee sei ganz anders.

Wenn man zum Beispiel viel mit Menschen zu tun hat, gute Distanz braucht, um sich einen klaren Kopf zu bewahren, so würde ich Yiwu-Pu'ers empfehlen. Für mich wirken die Tees aus Yiwu ausbreitend, kräftigend und erdend. Wenn diese Person eher jung und zart ist, würde ein Yibang mehr entsprechen. Tee aus Yibang, vor allem aus Xiaoye-Zhong (kleinblättrig) oder Zhongye-Zhong (mittelblättrig) sind belebend, ohne einen bodenlos zu hetzen. Wenn ein Entscheidungsträger mich um einen Rat bitten würde, würde ich ihm Laobanzhang oder Bohetang empfehlen. Das sind Tees, die eine Süße als Boden haben (Gan) und eine zusammenziehende, konzentrierende, mineralische Stütze enthalten. Laobanzhang wirkt für mich wie ein Bogenschütze, der sein Ziel trifft. Der Bohetang stärkt einem den Rücken, um zu sich selbst zu stehen und die Einsamkeit an der Spitze auszuhalten.

Befinden wir uns in einer speziellen Lebenssituation, so ist es wichtig zu verstehen, wo wir stehen. Was können wir, was bewegt und beschäftigt uns? Einerseits arbeiten wir mit der Stärke, die wir haben. Andererseits holen wir Hilfe, die unsere Fähigkeiten ergänzt. Auf einen Tee übertragen heißt das, dass ein bestimmter Tee uns stärkt und der andere Tee uns ausgleicht.

Während ich diese Zeilen schreibe, ist mir bewusst, dass jeder Mensch eine eigene Beziehung zum Tee aufbauen kann. Das, was ich hier beschreibe, lässt sich im Labor nicht beweisen. Trotzdem möchte ich den Leser dazu ermutigen, eine eigene Reise zu unternehmen und die Landschaft des Tees zu erkunden. Man kann lernen zu beobachten, was für Bilder man nach dem Genuss eines Tees erhält. Man kann beobachten, wann man Lust auf diesen Tee hat und warum man mit einem bestimmten Tee unverhofft fertig ist. Der Körper kommuniziert auf seine Art mit dem Tee und mit der Welt. Wenn wir nur seine Sprache verstehen würden!

INTERVIEW MIT YU CHINSUNG, PU'ER-TEE-PRODUZENT

Am 05.02.2021 per Facetime

Wann hast du damit angefangen, in Yunnan Tee zu produzieren?

Ich war 2001 bereits in Yunnan. Ab 2002 habe ich angefangen, und das sind nun bald 20 Jahre. Anfangs muss man den Gusseisenwok auf dem Rücken tragen und ihn in die Berge hochschleppen.

Stellst du Fortschritte fest bei der Teeproduktion in Yunnan?

Ja. Auf Hygiene wird immer mehr geachtet, und beim Pflücken und Erhitzen von Tee wird besser aufgepasst als früher. Es tauchten die ersten Motoräder auf, nachdem die Bauern genügend Geld verdient hatten und solche Transportmittel anschaffen konnten. Früher musste man einen langen Weg zu Fuß gehen, um Tee zu pflücken. Heute hat man Motoräder, um den Tee runterzubringen, worauf man die Teeblätter rasch auslegen kann, um sie ruhen zu lassen.

Heute wissen die Bauern auch, wie wichtig die Arbeit der Pflücker für die Lebensdauer eines Teebaums ist. Bei der Teeproduktion bestand anfangs ein Graben zwischen den Generationen. Als ich ankam, tranken die Einheimischen nicht einmal Tee. Wir mussten den Einheimischen beibringen, wie man Pu'er-Tee zubereitet – wie wir es auf Taiwan tun. Wir haben zum Glück die Kenntnis, wie sich ein gut erhitzter Tee anfühlt und wie man einen sauberen Tee erhitzen kann. Anfangs konnten die Bauern nicht wissen, dass Rauch die Qualität des Tees negativ beeinflusst und dass man Teepfannen unterscheiden muss von Pfannen, in denen Essen gekocht wird.

In Menghai kaufte man damals Maocha statt frisch geerntetes Pflückgut. Man erklärte uns damals, Gushu Cha schmecke immer rauchig. Aber das ist nicht wahr. Ein rauchiger Tee stammt wahrscheinlich eher aus der Ernte des Sommers, ein Tee aus der Monsunzeit. Weil draußen Regen fällt, muss man den Tee in geschlossenen Räumen zusätzlich erhitzen. Beim Kochen wird Holz verbrannt, und es steigt Rauch auf. Vor zehn Jahren hatte man weniger Verständnis für die Voraussetzungen einer guten Produktion.

Ich erinnere mich, dass du 2007 einen rauchigen Mengku Gushu produziert hast, und der Wuliangshan ist auch rauchig.

Ja, den Mengku habe ich mit den Bauern im Freien gemacht, den Wuliangshan ebenfalls. Wir mussten damals den Wok auf dem Rücken tragen, und es war ein langer Fußmarsch. Ab 2012 wurde es anders. Der Bauer verfügte bereits über ein Motorad, und bei ihm zu Hause gab es einen eingebauten Wok mit Holzbefeuerung. Das Tee Research Institut in Yunnan hat viel dazu beigetragen, dass Teebauern nun verstehen, wie man einen guten Tee produziert.

Das heißt, bei der Teeproduktion war anfangs der Generationengraben sehr sichtbar, und die Bauern wussten nicht, wie man einen guten Tee produziert. Hat die Veränderung auch mit dem wachsenden Einfluss aus Taiwan und der Provinz Guangdong zu tun?

2002 hatte eine qualitativ hochstehende Teeproduktion noch kein großes Gewicht. Und das haben Teehändler aus Guangdong und Taiwan verändert. Zwischen 2002 und 2007 war es nur wichtig, zu wissen, was man kauft, Ist es Dashu? Ist es Xiaoshu? Man wollte damals nur hundertprozentige Gushus haben, auch wenn dieser Begriff umstritten ist.

2011 ist der Begriff Gushu neu definiert worden.

Dadurch wurde es wichtig, auf die Produktion zu achten. Und seitdem ist es immer wichtiger geworden, einen guten Tee zu produzieren.

Hast du in Yunnan viele Europäer getroffen?

Ja. Manchmal. Die meisten Westler waren Amerikaner, und

eigentlich kann ich diese Leute nicht auseinanderhalten. Für mich sind sie einfach «Ausländer».

Hast du das Gefühl, dass diese «Ausländer» dabei sind, den Markt von Pu'er zu verändern?

Nein, denn sie haben zu wenig Kenntnis von Pu'er. Oft kaufen sie falsch ein. Sie tragen nur dazu bei, dass die Preise ansteigen, und sie werden oft übers Ohr gehauen. Da zahlen viele ein hohes Lehrgeld. Sie haben große Mühe, weil für sie die Auswahl zu breit ist. Sie müssen sehr stark lernen zu unterscheiden und zu erkennen, wann sie einen echten Gushu vor sich haben? Damals hatten wir die Möglichkeit, wirklich nur Gushu zu trinken, und so konnten wir lernen, wie ein Gushu schmeckt. Nun müssen sie wirklich Glück haben, einen echten Gushu zu probieren.

Andererseits hat man heute auch den Vorteil, dass man mit den neuen Medien gut Werbung machen kann. Man kann ja immer alles fotografieren und anderen zeigen.

Unterdessen gibt es viele Westler, die auf den Kanälen von Social Media Werbung für sich selbst machen und sich damit brüsten, dass sie einen Teegarten gepachtet haben und sogar den Teebauern beibringen, wie sie einen idealen Tee zu produzieren haben. Was denkst du über diese Entwicklung?

Möchtest du einen Teegarten in Yibang pachten? Ich helfe Dir! (beiden lachen) So ein Nonsens. So was kann jeder behaupten.

Wenn so ein Pächter über solides Wissen zur Produktion verfügt, ist es ja ein Glück. Aber weißt du, für die Produktion von Tee gibt es kein Patentrezept. Unser Lehrer Atong hat uns doch immer gelehrt, dass wir uns an den Veränderungen des Wetters zu orientieren haben. Wenn letztes Jahr Dürre geherrscht hat, und dieses Jahr noch einmal Dürre herrscht, so kann das unterschiedlich verlaufen. Die Blätter wachsen Jahr für Jahr wieder anders, und wir müssen sie anders präparieren.

Auch kann ich mir nicht vorstellen, nach Europa zu gehen, um den Leuten dort beizubringen, wie man besseren

Wein anbaut und produziert. Einen gewissen Respekt habe ich doch. Und jetzt sagt ein Europäer, er bringe chinesischen Teebauern bei, wie sie einen guten Tee zu produzieren haben. Es sieht so aus, dass man sich heute einfach trauen muss, etwas zu behaupten. Wer sich traut, ist ein Meister. Heutzutage bemühen sich Leser auch nicht mehr zu prüfen, was sie lesen. Man verliert die Motivation, nach Wahrheit zu suchen. In China einen Teegarten zu besitzen ist nicht dasselbe, wie in Europa ein Chalet zu erwerben.

In Taiwan gibt es auch wilde Teebäume. Was hältst du davon?

Ich habe einmal Liugui probiert. Das sei auch Tee. Ich weiß darüber nicht viel.

Unser Daxueshan Yesheng ist Camellia taliensis. Es heißt, es handle sich um eine Bao-Hong-Art.

Gehst du davon aus, dass man in Yunnan schon vor Hunderten von Jahren damit begonnen hat, Tee anzubauen?

Bestimmt. Zum Beispiel den Banzhang 13 Chai. Dieser Name hat eine lange Tradition. Der Name ist entstanden durch eine Eheschließung zwischen Bewohnern von Banzhang und dem Dorf Pascha. Die Geschichte von Laobanzhang reicht ungefähr 700 Jahre weit zuück. Sie sind ein Aini-Volk und heiraten untereinander. Zu einer Heirat bringt man immer Teesamen mit. Es wird erzählt, dass ein Brautpaar die Samen aus Pascha eingepflanzt hat und daraus 13 Pflanzen herangewachsen sind. Diese 13 Pflanzen betrachtet man als Grundstock des Banzhang 13 Chai.

Wie siehst du den Faktor Dürre in Yunnan?

Ich denke, die Dürre ist eine Folge des Klimawandels. Sie verursacht das Absterben von Teebäumen. Ich denke, die Bauer werden wohl über ein Bewässerungssystem nachdenken. Aber so etwas lässt sich nicht überall machen. Vielleicht sollte mit menschlicher Kraft Wasser gegossen werden… (Er lacht selbst)

Es kann auch sein, dass die Teeproduktion dadurch zurückgeht. Ich produziere derzeit so viel Tee wie möglich, weil man nicht weiß, wie es weitergehen wird. Ich habe von einem Teebauern gehört, dass die Teebäume 2020 nicht einmal sprießen konnten.

Immerhin wissen die Bauern heute, wie wichtig die Arbeit des Pflückens für die Teebäume ist. Dass man Äste absägt, um Tee zu pflücken, kommt nicht mehr vor.

Du betätigst dich in dem Geschäft als «klarer Produzent». Das heißt, du mischst keinen Tee aus Fabriken bei und arbeitest nur eigenständig, um die Kontrolle über deine Tees zu behalten. Eine solche Vorgehensweise ist wohl eher selten, oder?

Ja, es ist sehr schwer, auf den eigenen Weg der Produktion zu insistieren. Es ist viel einfacher, Tee nur zu verkaufen, ohne über seine genaue Herkunft aus eigener Anschauung Bescheid zu wissen.

Viele Händler aus Taiwan stammen aus der zweiten Generation, die das Teegeschäft von den Eltern übernommen hat. Auch sie verkaufen Pu'er, aber eigentlich wissen sie nicht, was Pu'er ist. Trotzdem finden sie ihre Kunden. Anderseits habe ich festgestellt, dass immer mehr Menschen meinen Tee schätzen. Ich glaube, dass immer mehr Menschen zu verstehen beginnen, wie wichtig es ist, dass wir authentischen Tee produzieren, statt nur auf eine kommerzielle Art Tee zu beschaffen. Das ermutigt mich.

Bohetang war immer schon eine sehr bekannte und zugleich geheimnisvolle Art von Tee. Aber sie wurde auch ständig populärer. Hast du nicht das Gefühl, dass du in deinem Beruf stets nach neuen solchen Sensationen jagen musst?

Ja, wir haben bemerkt, dass der Tee aus Bohetang nicht mehr derselbe ist wie früher. Und so müssen wir leider weiterschauen. Du weißt, dass der Ruhm mit Menschen so einiges machen kann. Die Bauer in Bohetang pflanzen seit einiger Zeit neben den alten Bäumen kleine Teepflanzen. Die Bauern schätzen ihren Tee ja sehr, aber sie wollen aus ihren Lagen einfach mehr Ernte erzielen. Ich bemerkte eine Veränderung in der Atmosphäre, und die Teebäume werden davon beeinflusst. Wenn du den Bohetang von 2014 einmal getrunken hast und mit dem neuen von 2019 vergleichst, dann erkennst du die Veränderung am Geschmack. Da gibt es Bauern, welche die anderen Bäume abholzen, um mehr Licht für die neuen Teepflanzen zu schaffen. Doch dadurch verändert sich das Mikroklima, und natürlich schmeckt der Tee dann auch anders.

Man unterstellt dir von Shui Tang, dass du mit der Bezeichnung «GuiyouLin» deine Produktion mit einem Hauch von Geheimnis versiehst. Trifft das zu?

Wenn ich so etwas tatsächlich tun würde, so würde ich wie die meisten Händler mit der Bezeichnung «Mijing» arbeiten. Mijing heisst übersetzt «geheimnisvoller Ort», doch leider liegt dieser Ort in Wirklichkeit außerhalb von Yunnan.

In Guoyoulin hat man einfach keine genaue Ortsangabe. Einmal versuchte ich, mich in Manzuhuan mit dem Handy zu verorten, und auf einmal ist bei Baidu der Name «Tianebaodan – der Ort, wo Schwäne ihre Eier ausbrüten», erschienen. Also habe ich den Tee von dort nach diesem komischen Ortsnamen benannt.

Deswegen sprechen wir einfach von Yiwu Guoyoulin oder Yibang Guoyoulin. Meistens werden solche Orte staatlich beschützt. Das haben wir 2017 selbst erlebt, als wir von Polizisten gestoppt wurden, bevor wir nach Tongjinghe wandern konnten.

Was sind deine Träume und Pläne für zukünftige Produktionen?

Ich möchte gerne ein paar weitere gute Anbauorte finden und gute Beziehungen zu den Menschen dort pflegen. Gute Tees auf einem guten Niveau produzieren. Zum Beispiel in Chawangshu. Der Ort ist zum Glück so abgelegen, und dort ist in den vielen Jahren nicht ein einziger Baum gefällt worden. Der Tee von Chawangshu ist unterbewertet.

Ich möchte weiter auf dieser Linie bleiben, naturbelassene Orte finden, auch wenn das immer schwieriger wird, und dann dortbleiben, wie in Yibang und Gedeng.

2015 wollte ich Tee aus Tongjinghe produzieren. Chawangshu kostet damit verglichen fast nur die Hälfte. Für mich stimmt das nicht. Ich suche Tee mit Charakter. Ein Tee muss einen Charakter haben, damit ich ihn produzieren möchte.

Charakter und ein gutes Verhältnis von Preis/Leistung sind für dich wichtig.

Charakter ist viel wichtiger. Ich bin ein individueller Produzent. Ich kann nur Tee unter hundert Kilogramm produzieren. Gegen einen Konzern kann ich nicht mithalten. An einem Ort, an dem große Mengen von Tee produziert werden, kann ich nicht mithalten. Hingegen habe ich Chancen an einem kleinen Ort, der gute Qualität und Charakter hat, jedoch eine Produktion im kleinen Maßstab erfordert. Eine kleine Quantität interessiert die Konzerne nicht. Einzigartigkeit und Unverwechselbarkeit sind meine Kriterien.

Du kennst ja unseren Tee Mao Erduo. Diesen Tee habe ich eigentlich «entdeckt». Heute kostet dieser Tee 12 000 Renminbi pro Kilo (1620 Euro) beim Einkauf der geernteten Blätter. Das heißt, wir können es uns heute gar nicht mehr leisten, diesen Tee zu produzieren.

Ich bin ein aktiver Mensch und sehr neugierig. Ich laufe gerne herum und gehe gerne mit in die Teeberge. Das hilft mir dabei, Neues zu entdecken.

Bestimmt verfügst du auch über ein Netz guter Kundschafter und Spione.

Ja, ich habe immer gute Informanten. Mein Koch, Zhao, hat viel gelernt, indem er mit mir verschiedene Orte besuchte, wo er verschiedene Tees kennenlernte. Sein Problem ist natürlich, solche speziellen Tees interessieren leider nur mich. Wenn er etwas Besonderes findet, bin ich wohl der einzige Käufer. Tianmenshan ist zum Beispiel von ihm, er hat diesen Tee produziert. Tianmenshan hat hochstämmige Teebäume. Und natürlich auch weitere Gushu. Zhao wählt die Bäume aus, er überwacht das Pflücken und bereitet den Tee selbst zu. Er kennt sich in dieser Gegend bestens aus. Aber er ist kein Teehändler, sondern arbeitet nur auf Vertrauensbasis. Wenn er meine Zustimmung hat, kauft er das Pfückgut und produziert einen Tee.

UNTER UNABHÄNGIGEN PU'ER-PRODUZENTEN TEIL I

Ich bin ein Stubenhocker. Und darüber hinaus auch noch ein Angsthase.

Wie kann sich so eine angstvolle Seele in den Bergen von Yunnan bewegen? Dort gibt es keine gelb markierten Wanderwege. Weder Sicherungen noch Seile. In Yiwu hatte ich die falschen Schuhe an und bin zweimal ausgerutscht, wobei ich mir große blaue Flecken zuzog. Zum Glück nichts Schlimmes. Ohne die Ermutigungen von Kai und Monika wäre ich auf dem Gruppenfoto vom Gaoshan-Berg nicht zu sehen.

Um zum Gushu-Areal in Tongjinghe zu kommen, muss man in einem Fluss durchs Wasser waten und anschließend noch 2 bis 3 Stunden auf einem Bergweg wandern. Meine Füße wären stundenlang im Wasser gewesen. Nach der Morgenmeditation entschloss ich mich dazu, nicht mitzugehen. In meinem gestressten, labilen Zustand hätte ich mir bloß eine Erkältung eingehandelt.

Yu rief einen Geschäftfreund an, mit dem er bereits seit Jahren arbeitet. Herr Hu sollte sich um mich kümmern und mich fürs Mittagessen abholen.

Nachdem die Gruppe losgefahren ist, saß ich im Hotel gemütlich am Teetisch. Die junge Dame am Empfang sprach mich neugierig an, und wir kamen miteinander ins Gespräch. Fang, eine junge Frau, die aufgrund der Armut ihrer Familie die Schule abbrechen musste, erzählte mir von ihrem Schicksal und von einem Traum. Sie sagte zu mir: «Jiejie (Schwester), du kommst aus meinem Traum, aus so einem schönen Traum. Ich weiß nicht, ob ich dich jemals wiedersehen werde, aber ich weiß, meine Tochter wird mich mitnehmen, um dich in dem Traumland zu besuchen.» Ihre spontanen, nahezu melancholischen Worte brachten mich zum Weinen. Ich komme nicht aus einem Traumland. Es ist bloß ihr Traum, welcher die Realität so vieler Menschen im scheinbar reichen China widerspiegelt. Wer sind die Verlierer dieses reichen Traums? Sie blickte mich mit sehnsüchtigen Augen an und beobachtete meine Bewegungen beim Teetrinken. «Ich möchte so viel lernen, bis ich irgendwann ein Teegeschäft eröffnen kann!» «Ich helfe dir.» «Was kann ich für Sie tun?» In dem Moment spazierte Herr Hu ins Hotel und wollte mich abholen.

So früh schon. Es war erst 10 Uhr.

«Yu schickt mich her. Ziehe dich um, und wir gehen jetzt.»

Ganz gehorsam zog ich mich um und folgte dem Herrn im gelben T-Shirt.

Yiwu hat sich sehr verändert. Der Ort ist sauberer, reicher und größer geworden.

Er führte mich zu einem Haus und betrat es, als ob es sein Haus wäre. «Wenn wir in Yiwu sind, hocken wir oft hier. Wir sind hier Kunden und Gäste zugleich.»

«Das heißt, du kannst hier ganz nach Belieben ein- und ausgehen?»

«Solange die Beziehung ausgeglichen ist», lächelte er, «manchmal sind wir uns näher, manchmal weniger. Manchmal kauft man Tee, manchmal muss man Geschenke mitbringen.»

Er stellte mich einem alten Herrn vor: «Sie ist eine gute Freundin von Yu!» Der alte, dunkle Herr nickte. «Bring ihr einen guten Tee!» Er brachte uns eine volle Portion, während Hu nur lächelte. Als der Hausherr verschwunden war, fragte er mich: «Was hast du gerne?»

«Gerne etwas gelagerten Tee. Keinen Shou Pu'er, bitte.» Ich hatte jeden Tag leichten Durchfall, ein gelagerte Pu'er würde mir guttun.

Er schaute mich kurz an und überlegte wohl, was ich zu trinken verdiene. Solch einen Blick kenne ich nur zu gut, ich beantworte ihn mit einem Lächeln wie Mona Lisa.

«Wir trinken Laobanzhang. Das kann ich Yus Freundin wohl anbieten. Und er wird sich bei mir dafür bedanken!» Er holte aus seinem Bauchladen ein glänzendes, schön gebrochenes Stück eines Teefladens. Es war 老班章古樹茶2000 年份 Laobanzhang Gushu 2000!

Wow! 12 Gramm! «Ist es nicht schade, davon gleich so viel zu nehmen?» Er sagte, so sei es in China doch immer. 12 Gramm Tee für einen einzigen Gaiwan! Mir tat das schon weh. In dem Augenblick kam eine Dame aus Menghai, die mit uns nach Yiwu unterwegs war. «Was!? Laobanzhang 2000! So ein Glück!», sagte sie und setzte sich zu uns an den Tisch. Zugleich zündete sie sich eine Zigarette an. «Lao Hu, willst du auch eine Zigarette?» Hu deutete auf mich und schüttelte den Kopf. Die Dame kümmerte sich nicht um sein Signal. Ich schätzte ihre Art. Sich wohlzufühlen, will gelernt sein. Und man raucht gerne in China. Ich bin ein neuer Gast. Sie ist scheinbar wie Hu ein häufiger Gast des Hauses. Mich störte sie nicht. Ich schätze Menschen, die sich mit ihrer Art in der Welt zu bewegen wissen, selbst wenn es mir auf die Nerven geht.

Hu kochte das Wasser. Nur das beste Mineralwasser in China war gut genug, 農夫山泉 Nong Fu Shan Quan. Nur die besten Teatoys, eine von Hand geschmiedete silberne Teekanne aus Japan. Mit einem einfachen Porzellan-Gaiwan anstatt in einer Yixing-Kanne bereitete Hu einen mir unbekannten, aber vielversprechenden Laobanzhang Gushu 2000 zu!

TEIL II

Wie schmeckt dieser berühmte König des Pu'ers?

Ich roch an dem Aufguss und fand klare fruchtige Nuancen, gepaart mit einem Hauch Kampfer! Zurückhaltend, dieser Tee ist nicht aufdringlich und lässt dem Liebhaber Raum, um ihn wahrzunehmen. Anders als andere mit schreiender floraler und markant fruchtiger Süße ist dieser Tee in seiner Art selbstbewusst und solide.

Wie kann man einen Tee beschreiben? Darüber lässt sich trefflich streiten. Ich versuche hier mit Metaphern zu arbeiten. Einem Laobanzhang Gushu in dieser Klasse zu begegnen, gleicht der Begegnung mit einem ehrwürdigen Bronzegerät für heilige Zeremonien aus dem alten China. Er ist prächtig im Mund, weil man die Tiefe und Breite seines Geschmacks auf der Zunge und im Gaumen spürt. Er ist elegant, weil seine Textur klar und geschmeidig durch die Kehle fließt. Er ist voller Würde, weil sich im Körper gleich mein Rücken aufrichtet und ich mich gestärkt fühle. Meine letzte Aussage lässt sich schwer nachvollziehen. Das macht nichts. Es geht um die kommunikative Art, in der Tee sich mit unserem Körper und unseren Seelen unterhält. Mit dem Intellekt lässt sich das nicht kontrollieren. Und man kann diese Aussage auch als Anekdote betrachten.

Nach siebzehn Aufgüssen wurde der neutrale, aber liebliche Geschmack des Wassers deutlicher. Doch die Präsenz der Teeblätter blieb im Aufguss nach wie vor deutlich.

Hu sagte, nach diesem Laobanzhang müsse man einfach bei Laobanzhang bleiben. Sonst wäre er nicht der Freund von Yu. Herr Hu ist im Kreis der Teeliebhaber ein angesehener Händler. Seine Spezialitäten sind Gushu aus Mansong, aus Laobanzhang und aus Yiwu. Warum nicht aus Lincang?

In diesem Augenblick bekam er die Nachricht eines Herrn Fang aus Bing Dao. Hu sollte einen Tee per Foto begutachten. Er sagte, das sei ja wohl verrückt, dass man per Foto einen Tee begutachten solle. Doch er kann das. Er zeigte mir die regelmäßig erscheinenden Teeblätter im Foto. «Man kann feststellen, dass diese Partie mit der Maschine hergestellt worden ist.» Ist denn die Verarbeitung mit der Maschine schlecht?

«Habt ihr etwas gegen Maschinen?» Mein Lehrer Atong nicht.

«Gegen die Maschine nicht. Gegen die falsche Haltung, wenn damit Zeit und Geld gespart werden soll, schon! Zeit und Geld spart man nicht, wenn man auf unserem Niveau arbeiten will!», erklärte er mir. Und damit holte er einen neuen Tee aus einer seiner Taschen. «Nun, zeige ich dir ein Wunder! Wer Zeit und Geld sparen will, kann nie solche Wunder erleben!»

Es handelt sich um einen neuen Versuch von Hu: eine Selektion von Laobanzhang! Vier verschiedene Kreationen, um Teeliebhabern zu helfen, Laobanzhang zu verstehen! Es sind drei Varietäten: Laomane, Pascha und Banzhang 13 Chai, plus ein Laobanzhang Gushu aus diesen drei Varietäten. Alles nummeriert, alles bereits verkauft und alles frei vom Streben nach kommerziellem Erfolg.

«Stets den Kommerz vor Auge zu haben, ist ein Stolperstein für unsere Kreativität. Diese Selektion gestalte ich aufgrund meiner Liebe zum Tee. Wenn die Resonanz stark genug ist, werde ich vielleicht ab nächstem Jahr damit ein wenig Geld verdienen. Aber für 2017 habe ich so viel Arbeit und Aufwand investiert, dass der Verkauf die Kosten nicht einspielt. Trotzdem freue ich mich riesig!»

Kann ich bei ihm eine kaufen? Er verweist auf unseren gemeinsamen Freund. Ich solle Yu fragen, wenn ich überhaupt etwas haben wolle.

Das Vertrauen, das Yu seinen Freunden schenkt, berührt mich. Was mich dabei noch stärker berührt, ist die Tatsache, dass dieses Vertrauen auch gewürdigt wird. Seine Freunde versuchten nie, mich als potenzielle Kundin für sich zu gewinnen. Diskret und entschlossen.

Wie schmeckt ein Laobanzhang aus der Pasha-Varietät?

Er ist weich wie der Ostwind. Trinke ich überhaupt einen Laobanzhang? Wo ist die Pracht der Berge? Liegt es am Wasser? Oder an der Kanne aus Silber?

Später bereitete Yu auch einmal für unsere Gruppe diesen wunderschönen Tee. Dort fand ich nicht mehr diese subtile verschleierte Schönheit, die wie eine anmutige Pfirsichblüte im Wind tanzt. Was ich noch bemerkte, war der schlanke duftende Körper eines Apfelblütenzweigs. Damals sagte Hu neben mir: «Weißt du, um einen wirklich guten subtilen Tee zu trinken, muss man am richtigen Ort mit der richtigen Person und zur richtigen Zeit sein.» Als wir bei der folgenden Gelegenheit, diesen Tee mit der Gruppe tranken, meinte er: «Heute sind einfach zu viele Leute da!»

Nur deswegen?

An jenem freien Tag war ich innerlich berührt von diesem blumigen Pasha! Ein feiner floraler Duft wie die Orchideen auf der Terrasse meiner Großmutter in Songshan. In unseren Hof schien am Morgen die Sonne. Jeden Morgen, wenn ich zur Schule eilte, roch ich in der feuchten Luft diese Blume. Ich dachte oft, Großmutter liebe sie mehr als uns. Ich fühlte mich oft in jenem alten Haus wie eine ungeliebte Enkelin. Bestimmt kennst auch du dieses Gefühl des Ungeliebtseins? Lan Hua Xiang, der Duft der Orchideen, hat tatsächlich so eine emotionale Note! Der Geschmack süßte meinen Mund wie Blütensirup oder Nektar. Beim zweiten Aufguss bemerkte ich endlich die bittere Herbe.

«Warum hast du in deine Selektion nicht auch die Mengku-Varietät aufgenommen?»

«Diese Varietät wird erst seit den 80er-Jahren angepflanzt. Ich will nur Gushu. Dafür kommt die Mengku-Varietät von Laobanzhang nicht infrage!»

Dieser Pasha schmeckt nicht so breit und tief wie Ban Zhang 13 Chai. «Aber dir gefällt es!», sagt er. Allerdings. Eine Saite meiner inneren Violine ist davon berührt worden. «Dieser Tee ist ein Dokument.» Mit Respekt blicke ich diesen Mann an. «Du gestaltest einen Dokumentarfilm, ein Dokument für die Teewelt.» «Nein, das ist bloß ein Experiment.» Ein Experiment für den einen, ein Dokument für die Nachwelt für den anderen.

«Ich frage mich, was danach passieren wird.» Er blickte nicht eben begeistert. «Falls das ein Erfolg wird, will jeder diesen Tee nachahmen, und gibt es dann tatsächlich noch einmal so ein Dokument? Derart perfekt, mit so viel Liebe und so viel Sorgfalt?»

Mit Yu hatte er gemeinsam den besten Koch gesucht, der die wertvollen Teeblätter für sie erhitzte und verarbeitete. In Laobanzhang wird der Wok anders platziert als in Yiwu, und es kommt eine andere Menge als die acht Kilo frischer Blätter wie in Yiwu in den Wok zur Verarbeitung. So ein Tee darf nicht unter einem Regendach getrocknet werden. Der Kreis um Yu beharrt auf dem Trocknen direkt unter der Sonne – auf oder über dem Dach aus Plastik. «Nur durch eine Abfolge bester Bedingungen und mit Sorgfalt kann man so einen Tee erhalten!» Ohne das gemeinsame Insistieren von Gleichgesinnten kann man mit dem Einsatz von finanziellen Mitteln allein diesen Idealismus nicht wettmachen. Aber gemeinsam schaffen sie es! Ich lernte den Freundeskreis von Yu kennen, auch einen Mann aus Kunming, der gerade aus Tongjinghe zurückkehrte. Er telefonierte die ganze Zeit über für unsere Gruppe und überzeugte seine Freunde, uns zu helfen.

Unsere Gruppe mit den vielen Europäern war längst ins Visier der Polizei geraten. So wurde die Gruppe auf einer Straße, die auf der Landkarte nicht verzeichnet war, angehalten. Nach langen Verhandlungen scheiterte unser Versuch, nach Tongjinghe zu wandern.

«Wozu nach Tongjinghe!» Ist es nicht sehr wichtig, nach Tongjinghe zu wandern, um die Teebäume von Pu'er besser kennenzulernen?

«Jein», sagte dieser Freund, «um Gaogan Gushu (hochstämmige Teebäume) kennenzulernen, lohnt es sich, nach Bohetang und Tongjinghe zu wandern, aber das dauert nach der Wanderung im Fluss mindestens noch einmal zwei Stunden tiefer in die Natur hinein. Auf diesem Weg verbergen sich etliche Gefahren. Es ist ein riskantes Unterfangen, das Yu für euch unternimmt. Er riskiert, damit aufzufallen, und er trägt das Risiko, wenn etwas passiert. Wer rettet die Europäer im tiefen Wald der Yao? Weißt du, vor zehn Jahren, als wir auf dieser Straße unterwegs waren, um zu den Teebäumen zu wandern, mussten wir einen Straßenzoll bezahlen. Dort gelten nicht die Regeln der Zivilisation, dort herrschen die Regeln der Stammesgesellschaft.»

«Ihr solltet euren Plan, nach Bohetang zu reisen, noch einmal überdenken. Yu lädt damit zu viel Verantwortung auf sich!»

So wurde mir zunehmend klar, wie hart das Pu'er-Geschäft auf diesem hohen Niveau wirklich funktioniert. Statt weit weg in Shenzhen oder in Kunming zu sitzen, geht man vor Ort jedem Schritt der Produktion nach. «Man ist zwischen Mitte März bis Mitte Mai in Xishuangbana. Anders würde es nicht funktionieren!»

Sein Handy produzierte Töne. Hu lachte: «Hey, Yu hat eine Sprachmitteilung geschickt. (Ich hörte seine Stimme nach Menglin fragen) Er fährt mit deinen Leuten nach Mahei. Du kennst ja Mahei, du brauchst da nicht hinzugehen. Es wäre schöner, weiter mit dir Tee trinken.»

Stimmt. Ich lerne sehr viel, hier an diesem Teetisch.

Also ging ich hinter ihm her. Bald landete wir in einem kleinen Hof, wo eine recht alte Dame aus Wasser, das über einem Holzfeuer erhitzt wurde, einen Tee zubereitet. So wie während meiner Kindheit bei der Großmutter in Tainan (Taiwan). Das war wohl die alte Hausherrin. Sie kümmerte sich nicht um meine Anwesenheit. Hu wies mir einen Platz zu. Ich folgte. Ich nickte mit dem Kopf jenen Menschen zu, die ich grüßen sollte, auch wenn sie mir unbekannt waren und unbekannt bleiben sollten. So verlangt es die Höflichkeitsform der traditionellen chinesischen Gesellschaft. Ich bin so erzogen worden, und so werde ich bleiben. Wie man sich als Gast zu verhalten hat, gehört zu den wichtigsten Beziehungsformen dieser Kultur.

Die Menschen grüßten zurück oder auch nicht. Hu stellte mich als gute Freundin von Yu vor. Dank Yu und ihm durfte ich dort sein, mitessen und mitsitzen. Eine junge Dame aus Sichuan reichte mir eine Bambussprosse: «Probier mal, das ist bitterer Bambus. Den gibt es nur in dieser Saison, nach Qingming und vor Gu Yu.» Ich nahm ihre Freundlichkeit gerne an. «Hm, richtig bitter. Aber mir schmeckt es.» «Ja, das ist richtig frisch, nicht wahr?»

Niemand stellte infrage, dass ich dort mitessen konnte. Menschen kamen, saßen, aßen und gingen wieder. Als ob alles so selbstverständlich wäre, dass ein Fremder einfach dazugehört, weil diese Person zu einem Freund gehört. «Woher konnte der Koch wissen, für wie viele er kochen sollte?» Hu lachte: «So viele, wie er denkt.» «Hat er denn keine Angst, dass vom Essen Etliches als Rest zurückbleibt?»

«Weshalb?», fragte er zurück.

Weshalb? Ich weiß nicht. Ich dachte an meine Mutter, die immer schimpfte, wenn der Kühlschrank voll war. Und ich dachte an Einladungen in Europa, wo jeder Gast ein Stück Fleisch zugewiesen bekam, und bei der höflichen Nachfrage des Gastgebers für

Nachschlag abzulehnen hatte. Vielleicht weil dort das Essen eine andere Funktion hat? Als Sozialwissenschaftlerin würde ich sehr neugierig werden. Aber meine Rolle als Gast erlaubte mir nicht, so viele Frage zu stellen. Teilnehmende Beobachtung kann man nur unternehmen, wenn man verschiedene Rolle auf sich zu vereinen weiß!

«Man isst hier, schläft hier und trinkt hier. Der Hausherr ist so großzügig!», sagte ich später zu Yu. Er lächelte und sagte mir: «Weißt du, dazu muss man wissen, wie oft, wie viel und wie lange.» Wow! Meine Augen leuchteten, ein Feld für ethnographische Studien! Wie lässt sich das Zusammenleben im Ausgleich leben, sodass Geben und Nehmen als energetische Akte ausgeglichen bleiben? In einer solchen Gesellschaft muss es sehr viel Fingerspitzengefühl geben!

Die Dame aus Sichuan schenkte mir zwei handgemalte Verpackungspapiere von Pu'er-Fladen. Ich bewunderte die Schönheit und den Einsatz für ihren Tee. Hu lächelte, und meldete einen Vorbehalt an: «Eigentlich sollte man die Energie besser auf die Produktion von Tee und das Urteilsvermögen punkto Tee verwenden.» Was wollte er mir damit sagen?

«Hast du ihr denn nicht geholfen, Tee auszusuchen, oder ihr Ratschläge gegeben?»

«Wenn man weiß, dass man wenig weiß, könnte man andere Menschen fragen.» Er rauchte eine Zigarette. «Eine selbstbewusste Frau will nicht immer Ratschläge von einem alten Mann hören.» Bewusst oder selbstbewusst? Und ich selbst?

«Was für Tee willst du jetzt trinken?»

«So wie du es wünschst. Von dir kann ich nur lernen.» Und das meinte ich aus ganzen Herzen.

Beim Nachmittagstee wurde die Dame aus Menghai gesprächiger. Von ihr erfuhr ich, wie Yiwu-Tee und gelagerter Tee von Fachleuten in Menghai wahrgenommen werden. Die Menschen aus Menghai hätten früher nie Tee aus Yiwu getrunken. Und gelagerten Tee kannten sie bloß aus der Literatur. Sie hat es von Hu gelernt, Tee aus Yiwu zu schätzen und zu kennen. Und von Lincang? Sie sog an ihrer Zigarette und sagte, das sei nicht interessant. Der

Lincang-Tee sei nur für Business und für die eigene Bildung. Diese Dame führt eine Manufaktur, in der Sheng Pu'er zu Shou Pu'er verarbeitet und zu Teefladen gepresst wird.

In Yiwu werden Fladen anders gepresst. Während man in Yiwu oft nur mit Steinen arbeitet, wird der Tee in Menghai oft zuerst in einer halbautomatischen Maschine geformt und dann durch Steine gefestigt. Dazu erklärte sie mir, dadurch würden die Fladen regelmäßig aussehen, statt dass einer zu hoch sei, der andere zu flach.

Da wollte ich ihr nicht widersprechen. Einerseits hat sie recht. So wollen auch viele Handwerker ihre Arbeit zur Perfektion bringen. Eine handgemachte Sache soll so perfekt aussehen wie aus der Maschine. Andererseits schätze ich die Unregelmäßigkeit der Handarbeit. Wozu soll ich meine Menschlichkeit verraten? Das Streben nach Gleichmut macht einen Sinn, weil wir eben Menschen sind.

«Wie findet ihr Teeleute zueinander, wie lernt ihr euch kennen? Hier?» Ich möchte gerne wissen, wie sie zu Yu finden. Sie erklärten mir, Teehändler würden sich immer dort treffen, wo Informationen ausgetauscht werden. Mit der Zeit weiß man, mit wem man sich ernsthaft austauschen soll und mit wem man nur Spaß machen sollte. Und man weiß, wen man meidet. «Yu redet nicht mit dir, wenn er dich unsympathisch findet.» Hu rauchte seine Zigarette und stieß eine Rauchwolke aus, «Ich verschwende auch nie meine Zeit.» Die Dame nickte zustimmend. So war es doch für mich eine Ehre, mit ihnen Tee zu trinken. Sie stimmte meiner Aussage zu. Es machte sie nicht einmal verlegen. «Du verstehst Tee. Das macht Freude», sagte er. «Wir hocken oft zusammen, um miteinander Tee zu trinken, aber eigentlich wollen wir nur weiterkommen mit Tee. Wenn man durch die Treffen inspiriert wird, so ist es doch großartig.»

Teehändler wissen, wo sie die richtigen Informationen finden und mit wem sie ihre Ideen verwirklichen können. Allein sind sie meistens zu klein, um neben kapitalkräftigen Händlern an guten Tee zu kommen. So schließen sich ein paar Teehändler zusammen, teilen Wissen und Informationen und realisieren gemeinsame Projekte. Dadurch lassen sich von kleinen Produzenten gute Tees mit tollen Ideen produzieren. Sie achten auf jeden Schritt, von der Ernte über die Produktion bis zum Pressen der Fladen. Gerne helfen sie sich gegenseitig aus, betreuen gegenseitig Freunde (wie mich) und teilen schwer zu ergatternde Teeblätter wie die von Bohetang oder Mao Er Duo untereinander. (Ich konnte in diesem Jahr die Pasha-Varietät aus Laobanzhang in Shui Tang anbieten, was auch auf diese Kooperation zurückzuführen war.) Wenn das Wohlwollen zwischen Menschen vor allem unter Händlern im Vordergrund steht, können auf die Weise wunderbare Geschichten entstehen! Wir machen guten Tee!

Dazu braucht es viel Vertrauen in Menschen und in die Vorstellung, dass jeder in dieser Welt seinen Platz verdient, denn wir haben alle genug zu essen!

Als Gast streckte ich Ohren und Augen aus: lernen, lernen und nochmals lernen. Als der Geräuschpegel im Hof durch die Ankunft weiterer Leute anstieg, wusste ich, dass ich nun wieder eine andere Funktion einzunehmen hatte. Hu sagte zu mir: «Oh, du musst dich bereitmachen. Die Teestunde ist vorbei.»

Als meine Teefreunde mich wiedersahen, sagte jemand zu mir: «Menglin, du sieht erholt aus!»

Tatsächlich, zum ersten Mal fühlte ich mich in Yunnan angekommen. Nun war ich in Yunnan nicht länger die Reiseführerin durch Yunnan. Ich konnte mein Dasein einfach als eine Teeliebhaberin in Yunnan geniessen, atmen und trinken. Es waren meine Sternstunde, meine Ferien, meine Teatime.

KLIMAWANDEL UND DIE TEEBÄUME IN YUNNAN

Als wir am letzten Tag in Menghai waren, tranken wir zusammen in einer großen Runde die außergewöhnliche Pasha-Varietät aus Laobanzhang.

Herr Hu, der Initiator dieser Produktion, fragte meine Gruppe, wie sie die Tage in Yunnan empfunden hatten. Jemand – für Chinesen ein Fremder aus Europa – sprach ganz ehrlich und direkt aus, dass der Klimawandel und die Ausbeutung der Teepflanzen ihn sehr traurig stimmten. Die Gruppe hatte den schwachen Zustand der Teepflanzen in der Natur mit eigenen Augen wahrgenommen.

Ich übersetzte die Aussage so, wie sie vorgetragen worden war. Für mich war diese Frage freundlich, und der Chinese fühlte sich als Gastgeber angesprochen. Die Antwort übersetzte ich ebenso, wie sie ausgesprochen wurde, weil ich es als ehrlich empfand und nicht als Kritik verstand.

Die Ausbeutung an den Teepflanzen sei nicht verursacht durch eine einzelne Person, sondern durch eine Teegemeinschaft, die ständig alles billig und mehr davon haben wolle.

Darauf schwieg Herr Hu kurz. Dann sagte er knapp, er wünsche uns eine schöne Rückreise.

Ich weiß nicht, wie die anderen diese Antwort aufgenommen haben. Yu hätte wohl nicht sehr viel anders reagiert. Ich hätte mich sicher auf eine Diskussion eingelassen, weil ich eben gerne rede. Weil ich auch daran gewöhnt bin, mit Menschen in Shui Tang die Dinge zu besprechen, Probleme anzusprechen und durchzusprechen.

Für mich sind Herr Hu und auch Yu verständnisvolle Teehändler, verständnisvoll, weil sie den Tee und das Teegeschäft ganzheitlich betrachten.

Warum ließ er sich nicht auf einen Austausch oder eine Diskussion ein?

Hört er nicht gerne fremde Kritik an Yunnan?

Höre ich gerne Kritik an Shui Tang, an meiner Person oder an Taiwan? Offen gestanden, tut es mir im ersten Moment weh. Habe ich Verständnis für die Reaktion von Schweizern, die von mir oft kritische Worte an ihrem Land hören? Ja, dafür habe ich Verständnis. Allerdings sind zwei Dinge auseinanderzuhalten: 1. sich einzugestehen, dass man sich mit etwas identifiziert und dadurch Schmerzen spürt. Das schafft eine kollektive Bindung und eine Klarheit über sich selbst. 2. zu respektieren, dass der andere ein Verständnis von außen einbringt, und eine Basis zu finden, miteinander zu sprechen oder nicht. Ohne persönlich anzugreifen oder auf den Fremden zu projizieren. Das nennen wir Demokratie.

Warum sagte Herr Hu nichts? Ich wurde später gefragt, ob er beleidigt gewesen sei. Meinem Verständnis nach war er das nicht. Er denkt genau so, er hat genau das Gleiche gesehen, er kennt das Problem genau. Der Fremde hat die Tatsache angesprochen.

In Taiwan zitieren die Medien gerne die Kommentare von ausländischen Beobachtern, wie schlecht unsere Gesellschaft sei. In China muss die Gesellschaft auch häufig Kritik von ausländischen Medien anhören, wie sie es besser machen sollen beim Umweltschutz, bei den Menschenrechten und so weiter. Jede Gesellschaft blickt auf ihre eigene Geschichte zurück. Taiwan war kolonialisiert und hat entsprechend viele Probleme mit der eigenen Identität und dem Selbstbewusstsein. In Taiwan ist man stets selbstkritisch bis dahin, dass man sich selbst erniedrigt. Man geht mit der Außenwahrnemung aufgrund der eigenen Geschichte anders um.

Ich weiß nicht, warum Herr Hu sich bei der Gelegenheit nicht auf einen Austausch einließ. Ob er den Rucksack seiner Gesellschaft auf seinem Rücken trägt, weiß ich nicht. Aber mit seiner Aussage hat der Fremde ins Schwarze getroffen.

Der markante Anstieg der Teepreise erstaunt und verschreckt viele Teetrinker in aller Welt. Der Anstieg des Pu'er-Teepreises verursacht viel Aufregung und bringt einen dazu zu sparen. Einerseits ist der Preisanstieg auf Spekulation seitens der Investoren zurückzuführen. Andererseits ist aber auch eindeutig zu beobachten, wie Teebauern in Yunnan, aber auch andere Teebauern in Taiwan oder Japan direkt von der Hausse profitieren. Fairtrade ist in Yunnan, Taiwan oder Japan eine lächerliche Frage. Diesen Bauern geht es gut.

Wir sahen neu gebaute Straßen, glänzende neue Dächer auf neuen Häusern und solide Fahrzeuge. Ich freue mich darüber sehr. Viele Bauern sagten auch klar, sie wüssten nun, wofür sie ihre alten Teepflanzen beschützen, weil sie ihnen doch den Wohlstand garantieren. Dass man noch vor ein paar Jahren Gushu abgeholzt hat, um Häuser zu bauen und Schnaps zu aromatisieren, davon kann heute nicht mehr die Rede sein. Gushu ist Gold wert.

Auch wissen mitlerweile viele Teebauern, dass ein naturbelassener Taidi Cha einen guten Preis erzielt. Somit gibt es neben den fast unerträglich hohen Preisen für Gushu auch immer mehr Angebote von anständigem Taidi Cha, wie der Guafengzhai Xiaoshu oder Zhangjiasandui.

Trotzdem gab es eine heftige Diskussion zwischen Yu, mir und meiner Freundin aus Taiwan im Bus während unserer Fahrt von Laobanzhang nach Menghai.

Meine Freundin ist Professorin an einer Universität Taiwans, Philosophin, Teeliebhaberin und Wissenschafterin. Sie fragte sich, ob die Menschen endlich begreifen, dass die Natur durch ihr Handeln für immer zerstört werden könnte und der Wohlstand dann nur von kurzer Dauer ist. Für sie sollen die Teebauern aufhören, die Teepflanzen auszubeuten und die Natur anzugreifen. Sie hat recht.

Ich vertrat eine andere Meinung. Das Problem der Zerstörung der Natur ist nicht das Problem eines Teebauern in Yunnan, sondern ein Problem der Teegemeinschaft und somit ein Problem der Menschheit insgesamt. Man darf dieses Problem nicht auf die Schultern der Teebauern von Yunnan schieben. Jeder strebt nach Wohlstand. Auch fliegt eine Intellektuelle wie sie rund um die Welt, und sie verfügt hier und dort über ein Refugium. Ihr Refugium in der Natur ist für sie so etwas wie ein Wohnraum. Hingegen ist die Natur auch der Ort, aus dem ein Bauer Wert schöpft. Dass das intellektuelle, urbane Bürgertum von einer unversehrten Natur und von einem reinen, naturbelassenen Tee träumt, scheint manchmal eine ironische Vorstellung zu sein – und grenzt an «Heuchelei».

Menschen, die von der Urbanisierung profitieren, kritisieren die Menschen, die sich ihre Existenz aus der Natur sichern. Warum sollte es den Teebauern in den Bergen Yunnans verwehrt sein, Wohlstand zu genießen? Warum sollten sie keinen Sportwagen fahren oder kein iPhone besitzen? Warum sollen nur wir die Vorteile der Zivilisation genießen, während die Bergbevölkerung arm bleibt und die Natur nicht antasten soll?

Ich freue mich, dass sich die Teebauern in den Bergen Yunnans ihren Wohlstand erarbeitet haben! Dafür zahle ich gerne einen guten Preis. Denn ich freue mich darüber, dass in dieser Handelskette niemand leidet.

Trotzdem leiden die alten Teebäume in den Bergen Yunnans. Sie leiden, weil sie zu oft gepflückt werden, sie leiden, weil viele Menschen, die sie pflücken, sie falsch anfassen. Sie leiden, weil sich das Klima der Erde verändert!

Unser Bauer von Laobanzhang hat das Problem bereits vor langer Zeit erkannt. Er bildet aus eigenem Antrieb ein Team von guten Pflückern aus! Somit sichert er nach dem guten Material bereits den zweiten Schritt seiner Qualität! Dass es immer weniger erfahrene Pflücker gibt, ist weltweit ein Problem. In Taiwan pflücken eingeheiratete vietnamesische Ehefrauen, und sie wollen nur eines, das Geld. Das ist moralisch nicht verwerflich, aber es fehlt an einer inneren Verbindung zu den Teepflanen. Teepflanzen pflücken braucht Wissen! Um sich dieses Wissen anzueignen, braucht es Zeit! Ein guter Pflücker weiß, wie man die Teepflanze mit seinen Fingern anfasst, ohne sie zu verletzen. Er weiß, wie und wo er pflücken darf. Das richtige Pflücken sichert den Teepflanzen ihre Lebensdauer.

Wir dürfen das Problem der sterbenden Gushu nicht auf die Schultern der Teebauern Yunnans abschieben. Dieses Problem liegt in der gemeinsamen Verantwortung der Teegemeinschaft! Wenn wir billigere Angebote von Gushu haben, die aufgrund von Ernten im Sommer und im Herbst zustandekommen, so belasten wir die Pflanzen. Dadurch beschleunigen wir das Sterben der alten Teebäume, die bereits seit einigen Jahrhunderten vor uns leben und eigentlich ohne uns noch gut weitergelebt hätten!

Die traurigen Pflanzen in den Tropen bringen uns zum Nachdenken. Nachdenken über uns selbst und über die Zukunft. Solch eine Diskussion darf nicht in Schuldzuweisungen enden. Anderen die Fehler zuweisen, um die eigene moralische Position zu stärken, spaltet nur die Welt.

EPILOG

無名 萬物之始
有名 萬物之母

«Nichts» ist der Name für den Anfang von Himmel und Erde.
«Sein» ist der Name für die Mutter aller Dinge.

Im ersten Kapitel des Daode Ching stehen diese Zeilen. Ich habe es als Mädchen stets rezitieren müssen und verstand die Aussagen nur wörtlich.

Als ich zum ersten Mal durch den Wald von Nannuoshan spazierte, wurde es mir erst bewusst, was als All-Verbundenheit gefühlt werden kann und dass am Anfang des Universums alles Chaos war. Ein Chaos, weil alles ununterschieden war und nichts getrennt werden konnte.

Wenn ich Pu'er trinke, weiss ich nicht, welche Varietät ich genau trinke. Es kann Camellia sinensis sein, es kann auch taliensis sein. Auch wenn die Teeblätter verschiedene Namen und Formen haben, entstammen sie dem einen Urgrund. Alle Lebewesen kommen ursprünglich aus dem Meer, aus einer gemeinsamen Quelle. Wie wäre es, wenn wir die Welt nicht mehr durch die Augen des Homo sapiens betrachten würden, sondern aus der Perspektive, dass wir aus dem Chaos stammen? Die Art, wie wir die Welt beschreiben, geschieht im Theater der Köpfe. Die Natur hat kein Ziel, keine Fokussierung. Im Wald von Nannuoshan war ich ein winziger Teil des Ganzen. Ich sah die Schönheit der Üppigkeit, die Heiligkeit von mehrere hundert Jahre alten Bäumen und des einfachen Seins.

Für gewöhnlich unterhält man sich, wenn man heiter wandert. In diesem Wald waren wir ruhig. Wir hörten nur Vögel und Insekten, ein Summen und Zwitschern. Wir konnten die Schönheit wahrnehmen, da wir uns von der Stille der Bäume und Ruhe der

Natur berühren ließen. Uns fehlten die Worte. Ich hatte das Gefühl, in einen Tempel einzutreten. Ja, diese alten Bäume standen seit Hunderten von Jahren dort wie Beschützer der Erde. Ich hatte das Glück, diesen heiligen Raum zu betreten zu dürfen.

Werden unsere Enkelkinder diesen heiligen Raum noch persönlich erleben können? Oder nur aus Erzählungen?

Es kam schon manchmal vor, dass ich unbedingt etwas «Namhaftes» trinken musste und dass ich unbedingt von einem berühmten Tee etwas herausschmecken musste. Nun aber trinke ich einen Tee und warte, bis er mir etwas erzählen will. Das Ich hat gelernt, zu «verschwinden» und dem Tee seinen Platz einzuräumen. Ich muss niemandem erzählen, was ich trinke. Der Körper erzählt, was er trinken möchte. Er weiß, dass der Tee und er ursprünglich zusammengehören.

Auf Taiwan verehren wir alte Bäumen. Wir glauben fest, dass ein solcher Baum viel Energie aus der Sonne und vom Mond aufgenommen hat, um dort zu stehen. Bäume haben auch ein Bewusstsein dafür, der Erde etwas zurückzugeben. Der Baum wird von den Menschen geehrt und beschützt den Ort. Diese in der menschlichen Seele tief verwurzelte Wechselbeziehung zwischen Bäumen und Menschen findet man auch in Yunnan. Frühling für Frühling wird in Jingmai ein starker Teebaum auserkoren, und bei diesem Baum wird ein Ritual zelebriert, in dem die Baumseelen angerufen werden. Damit wird dem Baum und der Erde gedankt, und zugleich wird der Frühling willkommen geheißen. An dem Baum, dessen Seele zurückgerufen wird, wird ein rotes Band aufgehängt.

Pa-Ai-Leng, ein legendärer Urvater der Bulang in Jingmai, sagte vor 1800 Jahren: «Ich werde euch kein Vieh hinterlassen, weil diese Tiere bei einer Katastrophe womöglich wegsterben. Ich werde euch weder Gold noch Schätze hinterlassen, weil solche Güter verschwendet werden können. Aber ich werde euch Teebäume hinterlassen, denn sie überdauern die Zeit.» Pa-Ai-Leng wird von den Bulang bis heute verehrt als Urahne des Tees.

Pa-Ai-Leng hatte recht. Etwas hinterlassen, das sich erneuert und fortpflanzt. Etwas, das die Zeit überdauert. Dieser Wunsch erreichte mich, als ich in Jingmai unter einem Baum Tee trank. Wie der Tee komme auch ich ursprünglich aus dem Meer. Wenn das Ich verschwindet, kommt das Sein zum Vorschein. Die Zeit verliert sich an der Grenze. Das Chaos kehrt zurück.

NACHWEISE

1 Der Zeitung Baoshan Daily vom 28. Mai 2020 kann man die Informationen entnehmen, dass durch Internetinfluencer der Tee Baoshan vermarktet werden soll und Cultivare wie Anji Baicha oder Formosa No. 12 und Qingxin Oolong und ähnliche angebaut werden sollen. Ausserdem sollte auf die Weise der Tee-Tourismus ausgebaut werden.

2 Zum Beispiel Tongqing Hao, dessen Hauptmanufaktur in Yiwu liegt, wo Pflückgut aus Yibang verarbeitet wird. Oder Songpin Hao, der 1917 produziert wurde und aus den Bergen von Yiwu stammt. Dieser Tee wurde 2019 als Fladen von 310 Gramm in Hongkong für über 40 000 Schweizer Franken verkauft.

3 Der Dorfname Chawangshu bedeutet selbstverständlich, dass es hier einen sehr alten Teebaum gibt.

4 «Dayi» ist der Nachfolgebetrieb der Teefabrik Menghai. Heute kommt es dort hauptsächlich zu Massenproduktion.

5 «Zhongguo Zhiwu Zhi» No.49(3) (1998), Seite 115. Sect. Thea.

6 «Zhongguo Zhiwu Zhi» No.49(3) (1998), Seite 129. Ser. Sinensis Chang.

7 https://de.wikipedia.org/wiki/Tee_(Pflanze) Version 02.08.2020.

8 «Zhongguo Zhiwu Zhi» No.49(3) (1998), Seite 130. Sect. Thea.

9 «Zhongguo Zhiwu Zhi» No.8 und No. 43(3) (1998), Seite 133.

10 «Zhongguo Zhiwu Zhi» No.49(3) (1998), Seite 115.

11 «Yunnan Chashu Zhongzhi Ziyuan» (2016), S. 41.

12 https://doi.org/10.1016/j.molp.2020.04.010

13 https://doi.org/10.1016/j.molp.2020.04.010

14 Angaben zu den Temperaturen sind im Kapitel über die Produktion zu finden.

15 https://charen.ch/2017/12/19/zum-thema-teelagerung-ii/

16 Dies ist vermutlich auf das wärmere und feuchtere Klima zurückzuführen.

17 https://charen.ch/2008/12/29/pu-er-aus-feuchter-oder-trockener-lagerung

18 https://charen.ch/2017/12/19/zum-thema-teelagerung-ii/

19 https://charen.ch/2017/12/19/zum-thema-teelagerung-ii/

20 https://charen.ch/2017/12/19/zum-thema-teelagerung-ii/

21 http://tv.cntv.cn/video/C14092/46c4470ed1dc43f17f4c55b2436dc7d0

22 Die Grundlage für dieses Kapitel stammt aus: Jacques Pialoux: Le Diamant Chauve. Le diamant chauve ou la tradition des évidences : Théorie générale de l'énergétique fondée sur le Yi King – Mise à jour 2002. Frankreich Cornelius Cels.

INDEX

Meng-Lin Chou

wuchs in Taiwan auf und studierte Germanistik und Soziologie in Deutschland. Sie praktiziert Zen und praktizierte die japanische Teezeremonie in der traditionsreichen Urasenke-Teeschule. Heute widmet sie sich dem traditionellen chinesischen Teeweg Gongfu Cha. Zum Studium von Tee fand sie über Umwege, die sie zurück nach Taiwan führten, wo sie eine gründliche Schulung beim chinesischen Teemeister Cheng, Huantang durchlief. Im Sommer 2009 eröffnete sie in der Altstadt von Zürich das Teehaus Shui Tang (dt.: «Ort des schönen Wassers»). Ihr Tee-Blog (www.charen.ch) findet bei Teeliebhabern eine große Resonanz. Gelegentlich führt sie Reisegruppen von Teeliebhaberinnen und Teeliebhabern aus Europa durch Anbaugebiete in Taiwan und in der Volksrepublik China. Das Bild der Autorin zeigt sie im Gelände neben einem «geköpften» Teebaum in Yiwu, dem Stamm und Krone abgeschlagen wurden.

Bei Edition Spuren hat sie bereits ein Teebuch veröffentlicht: Blätter vom Teeweg (Winterthur 2010, ISBN 978-3-905752-22-9).

Mit dem Schweizer Komponisten Fabian Müller arbeitet sie am Projekt Teehaus Musik, mit dem Ziel, Tee zum Klingen zu bringen.

www.shuitang.ch

Florian Lehner

ist promovierter Chemiker, Blogger und Gewürzsommelier im Gewürz- und Teehaus Schnorr.

Kai Schnorr

ist promovierter Chemiker und Inhaber des Frankfurter Traditionsbetriebs Gewürz- und Teehaus Schnorr.
www.teeshop.de

Niklas Anzböck

ist Student der Philosophie und Sinologie an der Universität Zürich. Daneben ist er Mitarbeiter von Shui Tang und praktiziert den Buddha-Weg.

Originalausgabe

Bahnhofplatz 14, CH-8400 Winterthur

Illustration und Gestaltung: Simon Trüb
Lektorat: Martin Frischknecht
Chinesische Kalligrafie auf Seite 3: Yu Chinsong
Printed in Germany by DZA Druckerei zu Altenburg GmbH

ISBN 978-3-905752-87-8